Small

Private

Online

Course

基于SPOC混合式学习模式的大学物理学习指导

安 宇 编著

清華大學出版社
北 京

内容简介

本书是大学物理SPOC混合式学习模式在清华大学探索和实践的经验呈现，尽可能详尽地展现了其中的各个细节，以帮助愿意尝试混合式学习模式的教师和学生尽快适应这种新的学习方式。书中特别提供了翻转课堂讨论题目，可为翻转课堂学习模式提供借鉴。除此之外还提供了与传统教学方式的比对数据，希望能帮助人们消除对混合式学习模式的疑虑。

本书可配合网络上的大学物理MOOC视频，作为高等院校非物理类专业本科大学物理翻转课堂教材使用，还可以供其他有关专业选用和社会读者学习使用。

图书在版编目(CIP)数据

基于SPOC混合式学习模式的大学物理学习指导/安宇编著. —北京：清华大学出版社，2018(2025.8重印)

ISBN 978-7-302-50436-8

Ⅰ. ①基… Ⅱ. ①安… Ⅲ. ①物理学—高等学校—教学参考资料 Ⅳ. ①O4

中国版本图书馆CIP数据核字(2018)第123086号

责任编辑：朱红莲
封面设计：傅瑞学
责任校对：刘玉霞
责任印制：丛怀宇

出版发行：清华大学出版社
网　　址：https://www.tup.com.cn，https://www.wqxuetang.com
地　　址：北京清华大学学研大厦A座　　**邮　　编**：100084
社 总 机：010-83470000　　**邮　　购**：010-62786544
投稿与读者服务：010-62776969，c-service@tup.tsinghua.edu.cn
质量反馈：010-62772015，zhiliang@tup.tsinghua.edu.cn
印 装 者：三河市龙大印装有限公司
经　　销：全国新华书店
开　　本：185mm×260mm　　**印　　张**：10.75　　**字　　数**：209千字
版　　次：2018年7月第1版　　**印　　次**：2025年8月第6次印刷
定　　价：35.00元

产品编号：079609-02

前言

FOREWORD

17世纪中叶，伟大的教育家捷克人夸美纽斯出版了教育学上里程碑式的著作《大教学论》[1]，从此开启了现代学校教育的时代。课堂教学模式也由此发展兴盛，经久不衰。那个时代，在课堂上从教师那里获得知识，显然是最主要的学习途径。课堂可以容纳很多学生，一位教师在上课时间向这些学生传递知识，这就是这种教学方式的形式。这种教学方式成为今天绝大多数学校的传统，尽管有些改进或变化，比如，可能在一些小课堂，教师不仅讲授，还可能多少与学生有互动讨论，但以教师讲授为中心的传统教学方式仍然是主体，延续至今。毫无疑问，我们多数人都是课堂教学的受益者，但这并不意味着这种教学方式就是完美的，不需要改进。

环顾一下其他领域，科学技术的突飞猛进，给人类生活带来了巨大的改变。比如，出行方式比起几百年前有翻天覆地的变化，那时主要交通工具是马车，而今天则是汽车、高铁和飞机，效率不可同日而语。再比如，通信方式在最近短短几十年间彻底改变，写信几乎成为历史，完全被电子邮件或微信取代。相对照，课堂教学方式则几乎没有什么本质的变化，还是教师站在讲台讲授，学生坐在书桌旁听讲。难道教学方式就这么特殊吗？其实不然。我们知道现在的学习条件与几百年前相比有了很大的不同，那时可能有些书，但不普遍，学生多，教师少，所以课堂教学是非常重要的传道解惑的方式，学生主要从教师那里获取知识。后来，随着印刷业的发展，书籍很多，学生除了课堂听讲，还可以通过阅读获取需要的知识。事实上，有不少人是通过自学学到需要的知识，自学能力被认为是最重要的学习能力。现在的条件更是不同，利用互联网上各种搜索引擎，通过计算机可以方便地获得几乎任何想知道的信息，而且随着智能手机的普及，几乎任何人都可以在任何地方、任何时间从互联网上获得自己所需要的资讯，当然也包括各种知识。在这种环境下，课堂教学的重要性其实已经弱化很多，需要完全不同的教学模式。但改变不会自动发生，就好比交通工具的进步，是那些汽车或者高铁厂商以及飞机制造公司等与消费者的需求合力改变的结果；智能手机的普及是已故苹果公司掌门人乔布斯推动的结果。显然，教学方式的改革也需要有人做出改变。传统课堂是由教师主导的，改变课堂教学方式的使命，也自然落在广大教师身上。促进教学方式的进步，教师责无旁贷。

事实上，教学方法改革的脚步一直没有停歇，有很多先行者，提出了很多好的方法，以改变以教为中心的局面。尤其是最近一段时间，随着互联网、多媒体等新技术在教学中的应用，各种新的教学方法应运而生。比如，混合式学习[2]、同伴教学方法[3]、翻转课堂教学、案例教学、探究式教学，等等。这些教学方法都各自经历了一段时间的教学实践，针对不同学习者和不同课程提出了优化的学习策略。

最近几年，我们在清华大学做了大学物理教学方法改革实践，采用了 SPOC 混合式学习模式，这是对传统教学方式的一种颠覆。实践过程中，我们对其效果尽可能做科学的评估。在目前阶段的结论是：相比传统的教学方式，SPOC 混合式学习模式显示些微的优势。我们相信将来随着 SPOC 混合式学习模式的改进以及学生对这种学习模式的适应，SPOC 混合式学习模式的优势将会是压倒性的。大家可以回顾汽车替代马车的初期，汽车速度比马车也快不了多少，还经常出现机械故障，甚至有时抛锚，这时坐在马车上的人嘲笑着从汽车旁驶过，因为那个时候马车已经很成熟，而汽车才出现。现在我们没人会记得那些坐在马车上的人，他们同马车一起消失了。

本书虽然有一些作者关于教育教学的观点论述，但绝非教学研究的专著。作者并不试图提出新的学习模式，而只是将以往其他学者的教学方法研究成果应用于大学物理教学。本书实际是大学物理 SPOC 混合式学习模式在清华大学实践的经验呈现，并且，尽可能详尽展现其中的各个细节，包括课堂上的讨论题目，希望对 SPOC 混合式学习模式的改进和发展做出贡献。

感谢清华大学对于教学方法改革实践的大力支持和帮助，感谢清华大学教务处教改项目的支持。

安　宇

2018 年春于清华园

目录

CONTENTS

第1篇

浅议学习模式

第1章

为什么传统的课堂讲授模式需要改变

我们经常听到高校的大学物理教师抱怨，说学生经常缺课，或者是学生在课堂上不集中精力听课，低头玩手机等。对这些抱怨，有人附和，也有人反而责怪这些教师上课没有吸引力，是这些教师的上课质量有问题，误人子弟，进而高谈阔论，教导教师如何讲好物理课。客观地讲，很多学校学生经常缺课，来的学生课堂注意力不集中是事实，有些教师上课没有吸引力也是事实。想一想现在的学习环境，跟过去几百年前有很大的不同。过去不上课听教师讲，学生不容易从其他途径获得这些知识。一旦有途径可以获得知识，缺课是很自然的。记得30年前我读书的年代，已经有不少教材类书籍，当时就感觉有时候自己看书比上课效果要好，因为，不需要被教师上课的进度牵着走。现在获取知识的途径更多，打开手机就可以轻易获得几乎所有课堂上教师讲课的内容，而且可以在任何时间任何地点以任何自己喜欢的节奏浏览这些知识，教师讲课的重要性大打折扣。

有人提出，教师要改进上课的方法，以提高课堂教学效率。但怎么改进呢？如果还是在教师站在讲台讲课的框架下改进，能实质性地提高课堂教学的效率吗？我们设想可以采取一些措施，例如课堂点名，减少缺课率，可是来到课堂不听讲还不是白白浪费时间吗？如果因为教师上课不精彩，学生不听讲，那么换一位教学水平高的教师如何呢？国内某著名高校的某位著名教授，上某个物理课的情况如何呢？我听过这位教授的课，我感觉课堂上这位教师对于内容的讲解和概念的把握很清晰，重点突出，深入浅出，形象生动，板书规整，语言流畅，整个课讲下来行云流水。下课后如果问学生的感受，学生都一致认为教师讲得太好了，尽管记不太起来讲什么了，反正是讲得很好。我们通常公认这样的课是极致的好课，如果这样的课不吸引学生，就不会有其他更好的讲课方式。那么学生学的效果如何呢？完全不合期待，有很多学生并没有学好这门课。有一次，因为不及格的学生人数过多，使得这位教师通过公开信抱怨学生。后来在另一个课堂，同样也是这位教师，同样有不少不及格的学生（当然这次没那么多）。我问不及格的学生，是不是因为教师讲课不清楚才没学好，这位学生断然否认，认为教师讲得很清楚，只是自己没有认真学好。这很自然，教师讲课这么好，而学生没有学好一定是学生没有努力嘛。其实，以为教师讲课精彩，学生就可以学好课，这是认识上的误区。很多有经验的教师了解，学和教是两回事。也许有人会想，教师讲课精彩至少可以吸引学生听课的注意力吧，但这个想法本身就是很主观的。心理学的研究数据表明，无论什么课，平均起来学生有1/4的时间是在走神，精力没有集中在教师讲课上。更何况物理课比较难学，物理本身逻辑性比较强，听懂物理需要精力十分集中，这种高强度的精力集中一般很难持续45分钟。大数据研究表明，通常注意力集中的持续时间只有十几分钟。物理课的内容本身具有较强的前后连贯性，一旦思维脱轨，再想跟上教师的讲课节奏就会很困难。一旦跟不上讲课节奏，再想集中注意力也是没用的。这说明教师讲课再好，学生照样会注意力不集中，这是课堂教学固有的缺陷。

课堂教师讲课好坏，对于学生是否学好课程应该是有些影响的。讲课好的教师，也许能吸引学生更喜欢学习这门课程。但是，我们不能把大学生当中小学生看，以为讲课有趣或有创意，课堂设计或编排得轻松活泼，就可以激发学生的学习兴趣，那是把教学工作想得太简单了。对于简单知识的学习，这也许是刺激短暂兴趣的好办法，但对复杂知识的学习，这其实起不了太大作用。像物理这样的课程，需要的是持续的、长久的兴趣。维持持续的学习兴趣，只能来自物理内容本身。无论是因为对大自然奥秘的好奇，还是由于智力挑战的吸引，学懂一些物理知识后才能进一步对物理产生兴趣。所以，像物理这样有一定难度的课程，光是一点喜欢是不足以改变课堂学习效率的。掌握复杂知识的过程与获知简单信息的过程是不一样的认知过程。简单信息只要传达到就可以掌握，复杂信息需要在头脑中重新处理，这就要求一个理解过程。传统课堂是用来传递信息，理解过程留给课后。所以，教师把课讲得精彩，对简单知识的学习固然大有裨益，但对涉及复杂的认知过程的课程益处极其有限。物理学习尤其需要思考和理解。但课堂教师讲授的模式是以教师为主，学生必须时时跟随教师的思路和节奏，实际上根本不能使学生自由地思考，从容地思考。思考只能是留给课后，这就使得课堂学习效率大打折扣。像目前多数高校的大学物理课堂学时压缩严重的现实下，教师课堂讲授的内容很多，课堂上一旦有概念或方法没有听懂，再想跟上教师的讲课思路几乎不大可能，更不要说有时间思考。即便是有学生真的做到整堂课跟随教师的讲课思路下来，就一定学懂这堂课所涉及的概念及所有内容了吗？能跟随他人的讲解思路，与自己完全理解其实还是有很大差距的。物理概念和方法，还需要通过自己思考和练习才能真正领悟到。有些同学因为上课基本能跟随教师的思路，误以为教师讲授的内容都懂了，课后也不认真思考和复习，等到考试时才发现实际没有真正掌握所学内容。所以，我们说课堂教学的缺陷，本质上是教师主动，而学习者被动的模式导致的。

教师课堂讲授为主的模式还衍生出了另一个普遍的错觉，就是教学质量取决于教师的上课质量，而上课质量又往往异化为教师上课的表现。无论是同行教师还是教学管理机构，甚至普通人，评价一门课的好坏主要针对教师教课的表现。这是基于教为主的理念，而非学为主。教师上课精彩，那只是属于教师，教师上课行云流水，不见得学生真能顺畅地掌握听到的内容，要落实到学生学好，还有很大的距离。教师上课再精彩，还是会有很多学生学不好，如果学不好的学生一旦多一点（超出教师的经验所能容忍的范围），这时候经常发生的情况是，教师指责学生学习不用功，没有认真听讲，或者这个学生没有课外努力，或者这个学生学习能力太差，等等，反正都是学生的不是，因为在旁观者看来，教师上课的表现无可挑剔。但如果我们没有忘记教学的主要目的，就是让学生学好这一关键点的话，其实教师的上课表现与学生的收获还不是一回事，教学质量和教师的上课表现关系不大。从教的角度考虑，我们有不少上课很好的教师，他们的课是好课，但如果从学的角度，就不见得。教师不应把主要精力放在如何在课堂上表现出色，而是应切实考虑如何让学生收获更多。教师可能由于课堂讲授精彩而获得声誉，但这只能说明这个教师是优秀的演讲者，作为教师这有时会脱离正轨，因为在教学中教师的主要责任是让学生学好。实际上，教师上课是否精彩与学生学得好不好之间没有必然联系，也没有这方面的数据支持。相反的例子却是听到不少。比较极端的例子是20世纪的西南联大（清华、北大和南开），毕业生成材率特别高，当然这有很多原因，例如当时国难当头，学生奋发图强的因素等。单就课堂教学的效果看，当时教师普遍方言口音重，根本谈不上讲课精彩，学生上课基本听不清楚，但这并没有影响学生学好功课。所以，教师上课的表现不能决定学生是否能学好这门课。我们不应忘记学才是本，教只是辅，真正意义上的好课，要根据学生学得好不好来判断，而不是根据教师的上课表现来评价。教学质量的评价更应该是直截了当：学生在教学过程收获多少。专家也好，学生也好，想当然认为教师上课讲得精彩，学生自然就会学得好，这其实是莫大的误区。要学好物理，最终是要靠学生自己思考领悟到其中的概念和思想，通过练习掌握其中的方法。仅靠听讲是不可能学好物理课程的。如果教师课堂讲课流畅，学生往往会感觉上课听讲比较顺畅，这时如果放松课后的独立思考和练习，反而会学不好。

有一项研究从另一面揭示了目前这种学习方式的严重弊端。中国中学生因为高考的原因，中学阶段需要学习很多物理，而美国中学生一般是在大学才开始学习物理。中美物理教育的对比研究显示[4]，物理学习成绩中国中学生明显比美国中学生好，这个当然在预料之中，但接下来的另一个结果却令人大吃一惊。关于科学推理能力，中国和美国中学生几乎没有什么差别。我们知道物理教育的很重要任务是提高科学素养，我们一直以为物理学好了,科学推理能力自然就会提高,但事实却并非如此。对通常的学生来说,做物理题目是一回事,解决问题是另一回事。想问题时不是遵从物理学习中学到的科学方法,而是重新回到自我经验中,以惯有的习惯思考问题。这说明学习物理的实际效果完全没有达到课程设计者所要达到的初衷。问题出在哪里呢?如果怪罪中学物理教师没教好是不公平的,因为,学生能做好物理题目,说明至少教师讲明白了。有人说教物理不仅要教会知识,还要教懂物理思想和方法等,问题是怎么才能让学生通过物理课程领悟到这么多呢?至少现行的学习方式没有达到目标。

Daniel Kleppner 是美国麻省理工学院(MIT)的物理教授,物理研究很有成就,教学上也很投入,他的课非常受学生欢迎,上课时他也很陶醉其中。退休多年以后,他来北大演讲,给我印象深刻的是他对自己一生上课方式的反省。他说:假如再有机会给学生上力学课的话(他曾常年在 MIT 讲力学课程),一定会和自己过去做的(指站在讲台讲课)很不一样。其实很多人都意识到了以教为主的弊端,包括哈佛大学的马祖尔教授,也因此提出了同伴教学的概念[3]。国外还有很多学者在教学方法方面做了很多研究,提出了很多以学为主的学习模式,例如翻转课堂模式、探究式学习模式、研究为导向的学习模式等,都是在探讨以学为主导的学习模式。国内教育界也有很多教授认识到,要从以教为主,转变为以学为主。我本人也有很长时间的教学经历,随着教学经验的积累,对物理内容的把握更加得心应手,对物理概念的讲解也更加深刻和全面,上课也变得更加流畅,自己也很得意,相信自己教课很好,以为学生学得也一定很好。但每次测验或考试结果告诉我一个完全不同的事实。有时候即使有些知识点是课上重点强调过的,学生掌握的效果仍然不佳。学生学懂和掌握的程度,经常不符合自己的预期,这就促使我反思以教为主的教学理念,尝试以学为主理念下的混合式学习模式。但也有很多教授仍不以为然,尤其是有些上课表现优异的教师,对于课堂讲课效果估计过高,乐在其中,而在我看来那只是自我陶醉罢了。

第2章 怎样提高课堂教学的效率

 2.1 以教为主转变为以学为主

改进课堂教学的效率，当然是要把以教为主转变为以学为主。怎样做才是以学为主呢？让我们先剖析一下以教为主是什么样的。有人说，好学生(学习能力强)不用教，他会自己学会；差学生教不会，所以怎么教都没区别。这是极端的调侃说法。实际上，教师在课堂上讲课还是有学生受益，只是因为学生的程度参差不齐，教师讲课的内容深度和进度快慢只能是针对其中的某部分学生。对于基础好的学生，教师上课上得好或上得精彩，对这些学生的进一步提高没有多大帮助，而课上内容的深浅可能更有影响。学习能力差的学生通常都跟不上教师的讲课节奏，而如果上课是针对这些学生慢慢讲解的话，通常教学进度完不成，其他学生也会对听课失去耐心。比较常见的情况是，教师在大部分时间里，其真正的讲课对象是处于中间的学生，至少教师自己认为上课受益面比较大的应该是中间多数学生。但实际上这些中间学生的收获也有些夸大。因为，教师对内容深浅不可能把握那么准，学生也不可能保持长时间精力集中去理解教师要表达的意思。加上现在大学物理课堂用PPT展示，内容多，又快，所以，课堂讲授效果即使对教师针对的人群而言，也是要打折扣的。这也就是说，再好的教师，再怎么用心准备，只要课堂达到一定规模，就没有办法让讲课深度和进度快慢恰到好处，总有不少人会觉得上课听到的都是自己可以自学懂的，或者另有些人感觉上课无法跟上教师的思路。由此我们可以看出，以教为主的模式的缺陷，是学生无法自主掌握学习的节奏，完全是被动的跟随。所以，以学为主最重要的是要学生掌握学习的节奏，掌握主动。

我们设想一下，假如学生有一定的学习自觉性，他（她）可以自己阅读教材，或者看讲课视频。学生读到任何读不懂，或看视频看到不太懂的地方，自然会停顿下来，要么重看这一段，要么查查教材或者思考，试图去理解。学生会主动按自己的节奏学习，而不是像上课一样，只能被动跟随教师的讲解，即使没听懂，也只能跳过，这当然会大大影响课堂学习的效率。这就是为什么我们说要改变传统的课堂讲授模式，其实是要改变学生被动学习的地位。学生听讲不再是被动地跟随教师讲课的节奏，而是按自己的节奏听讲，不再是跟随教师的思路，而是根据自己的理解情况进行自由思考。

有人会说，有些学生根本没有学习的自觉性，教师上课都不听讲，他怎么可能自学教材或者讲课视频呢？既然上课都不听讲，上课当然是没有用的，还要强迫这些学生上课根本就是无意义的一件事情。另一方面，上课不听讲的很大一部分原因其实是跟不上上课的节奏，听不懂当然无法坚持听讲。假如可以随意控制听课的节奏，还是会有很大一部分学生听课，毕竟有学习任务要完成。

2.2 以学为主的课堂应该是什么样的

以学为主并不是简单地以自学代替听教师上课。如果上课节奏可以随意由听课人控制，其实听课对很多人也是一种很好的学习方式。例如，通过网络视频课学习。但是学习是高度个体化的过程，学到什么，学到什么程度都是要落实到个体，旁人无法替代。事实上，无论何时学生学习都是以学为中心的，无论采取什么教学方式，学生还是以学为中心，这是不会改变的。现在提倡以学为中心，其实是希望教学管理层也好，教师教学也好，去主动顺应学习者的以学为中心的立场，更好地帮助学生学习。学生要把书本上的概念描述真正变成自己的理解，还要思考。要落实学到的方法，还要做练习。现在书籍如此丰富，网络上又有很多各种问题的解答（当然有些解答不完全正确的情况也时有发生），以上所述学习过程完全可以自己完成。

那是不是不需要课堂了？我也听过一些质疑的声音说，既然学生掌握了这么多学习资源可以自己学习，那要课堂做什么？甚至说那要大学做什么？学生现在上大学跟过去封闭年代上大学的作用和意义应该发生了很大变化。但这个问题超出本书要讨论的范围，我们不去讨论。我们单讨论为什么还需要课堂。学物理其实很难，即便是普通物理部分真要理解透彻，明白通透，也需要花费很大的工夫。我教大学基础物理20多年，仍然是在对物理概念不断加深理解的过程中。因此，在短短的两个学期把大学物理基本概念和方法学懂，其实是一件很难的事情。更不要说，通过阅读教材，做些练习题目就以为可以掌握基础物理。物理概念的理解其实是分层次的，在浅层次理解了，掌握了，还有下一个层次。例如，在初中最开始讲质量这个概念，怎么讲的呢？说是度量物质多少的概念，是物质的属性。当时好像能理解这个说法，但现在再回头看，这种说法很模糊，什么是物质多少啊？如果你问教师，多半会答这取决于质量大小，质量大物质多，质量小物质少，等于转了一圈。后来又说质量是惯性的度量，惯性是保持运动状态不变的特性，这就和伽利略惯性定律和牛顿第二定律联系上了。后来又发现质量跟引力大小相联系，这与牛顿万有引力规律有关。后来介绍广义相对论时，让我们认识到惯性质量和引力质量其实是不同的两个概念，但它们在某种量纲下刚好可以相同。这时候我们大致觉得好像理解什么是质量了。但学到微观物理，我们又学到几乎所有的微观粒子都有质量，于是就有人问，为什么粒子都是有质量的(有些粒子，例如自由光子静止质量为零)？这个问题当然是问题。于是希格斯等人提出了真空对称性自发破缺的机制，与此对应的场粒子是希格斯玻色子，称为“上帝粒子”，它使微观粒子获得了质量。说到这里，非物理专业的同学就开始疑惑了，原来以为理解质量这个概念了，现在是彻底又糊涂了。那么，物理学家是不是对质量都清楚了呢？实际还有很多问题没有得到真正解答。这个例子告诉我们，我们对物理概念的理解实际是逐渐深入的。在更深层次上应该怎么理解物理概念，实际现在都是一个问题。用另一个角度讲，物理其实是探究大自然的规律，理解物理其实就是从某个角度理解大自然。但目前，人类对大自然的理解还远远不够。说到这里，你可能应该了解了，为什么说学物理不是简单阅读教材，做些练习就可以学透彻的。所以，我们还需要课堂，利用好课堂，才可以更好地学好物理。但这个课堂显然不应该是教师站在讲台上讲课的课堂，而是能够让学生自由掌握学习节奏的课堂。

回想我们自己的自学过程，当然那时阅读是主要自学途径。当遇到某个概念或方法时如果遇到困惑，当然需要思考，需要琢磨。但时间是有限的，学习的时间也是有限的。我们不可能在这些困惑里耗费太多的时间，尤其当我们已经知道这些学习当中的疑难问题对于学懂的人早已经不是问题的时候。比较自然的是想请教教师或者至少希望能和同学讨论这些问题以期得到解答。假如恰好有这样的课堂，都是学习同一课程的同学，都有可能碰到学习中相似的困惑，大家在一起互相讨论，还有教师在一起，那不是正好可以解决学习中遇到的困难吗？所以，很自然的以学为主的课堂的一种模式，应该是同学之间以及师生之间可以自由讨论的课堂。利用课堂讨论加深理解，这就提升了课堂价值，也可以说是提高了课堂效率。

课堂开始教师也可以先简短地归纳和总结这周的内容，然后再进入讨论环节。对于人数在20人以下规模的小班，讨论形式可以多样，例如，教师组织讨论，或者小组讨论后小组之间交流等模式。假如课堂人数超过20人达到一定规模，分组讨论就是必然选择。如果有条件，课堂设在演示实验旁边，分组讨论的同时还可以小组共同做演示实验，并就演示实验中的问题进行讨论。总之，无论是什么形式的课堂，有一个原则，就是学生一定是自己掌握节奏，而不是被动跟随。

我这里比较推荐课堂上学生之间讨论，同伴之间的讨论更具优越性。讨论最重要的因素是有平等环境，与权威不容易充分讨论。教师在学生眼中通常是权威角色，教师通常以指导者自居，经常是以说教口吻，讨论不会充分。即使教师想使讨论平等进行，但这身份障碍不容易去除。反过来，同伴之间语言更近，更容易提供或获得更准确的信息，讨论更有效。

2.3 教师在课堂讨论中起什么作用

既然课堂上让学生们在一起讨论学习，那要教师干什么？过去教师上课前认真备课，研究内容，精心为课堂做准备，现在似乎完全不需要了。有些教师上课非常精彩，乐在其中，但现在要失去这份乐趣，有些失落，做教师的价值似乎也要打折扣了。其实这是对讨论课堂不了解引起的误会。不要忘记学生是初学者，通常一下子提不出多少值得讨论的问题。初学者通常对课程的认识不足，思考不可能一下子深入，很难自发讨论起来，这就要求教师能引导学生的讨论，而且这些讨论能真正激发学生的学习欲望，有助于学生的学习，但这是非常不容易的一件事情。比起课堂讲课备课，准备讨论课更有挑战性，教师长期的教学经验这时候会发挥重要作用。

混合式教学的课堂是真正互动的课堂，这里不仅有同学之间的交流，还有师生的交流。曾有人注意到，年轻教师对自己熟悉的专业课程，课堂上很自然随意地与同学互动，课堂气氛活跃，教学效果明显。但对于比较生疏的基础课（多数年轻博士学术水平很高，但那是对专业研究领域而言，对于基础课内容因为学的时间久了，有些忘了，有些不太熟悉了），缺乏自信，宁愿采用教师一人站讲台讲授的模式，避免互动[5]。因为这样可以按着准备的思路讲解下去，完成课堂教学，过程中也不会有任何打断，也不会遭遇学生提出挑战性问题而教师无法回答的尴尬。互动教学就不一样，时刻面临学生提出各种各样的问题，有些问题可能教师本身也不是很清楚。所以，互动教学要求教师对课程内容的熟悉程度和理解深度，比起课堂讲授要高得多，挑战性更强。

慕课(massive open online courses，MOOC)刚开始流行的时候，有教师担心会失业。因为，高水平教师的讲课视频都上线了，学生用不着听本校教师讲课了。假如，还是传统上课学习模式，教师还是课堂讲课，其实这种担心是有道理的。但是，如果是混合式学习模式，就完全没有这个担心的必要。因为，课堂是面对面讨论互动的形式，这是目前网络视频课根本无法取代的，也是目前网络视频学习最缺少的环节。而教师组织课堂讨论和互动这一角色，反而加强了教师的存在地位。每个学校都是有历史和传统的，教师对本校学生的学习程度和学习状况最了解，如何组织最合适的讨论，本校教师最清楚。这也就更加凸显了教师存在的作用和意义。事实上，教师在混合式学习过程仍然起关键作用。下面是有关教师工作内容的简单示意图：

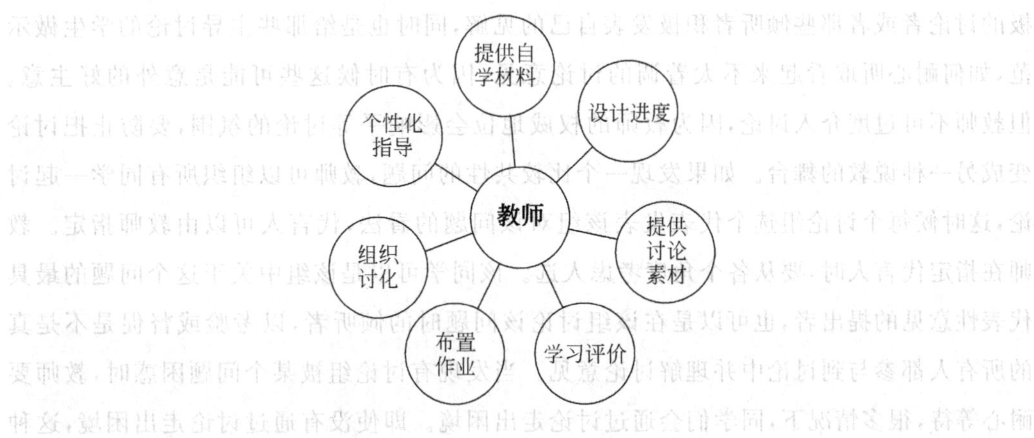

2013年我在清华大学开始尝试学生之间讨论学习的模式，开始是在课外讨论课试验，积累一定经验以后，2015年开始在课堂教学中试行。最初的体验让我深切地认清了一个事实，通常初学者不可能自己组织讨论学习，即使是清华大学的学习能力很强的学生也不例外，必须有教师组织讨论。经过若干阶段学习和讨论，有些同学也许会自主进行讨论学习，但多数情况下，低年级的物理基础课还需要教师组织课堂讨论。

我们经常以为教师组织讨论课堂，尤其是小课堂讨论，无非是请一些同学提出问题，然后再请其他同学就有关问题发表看法，教师本人时不时发表评论。这是纸上谈兵。如果真正经历过几次课堂讨论，就会发现这种讨论课堂根本行不通。即使完成了讨论课，讨论课的效果也不会好。因为，这种讨论课堂通常能讨论的内容很少，几次发言之后下课时间就到了。另一方面，假如让学生提问，通常很难有质量高的问题提出来，讨论只是流于形式，学生的收获不会大。

所谓教师组织讨论课堂，首先是教师精心准备讨论素材。讨论素材是不是恰当，对于保证讨论课堂质量至关重要。如果讨论的问题过于简单或过难都会使讨论课的效益大打折扣。课堂讨论题目设计得不合理，讨论课就不会顺利，教师对于课堂讨论的掌控就会出现问题。找到合适的讨论素材的工作，一点不比传统备课轻松，依我的经验反而更艰巨。其次，过去在大班课上教师专注于讲课，不大可能关注到个体学生，有经验的教师可能大体观察整体对讲课的反应，但不会细致到能够了解个体学生的听课学习情况。而现在课堂上学生自由讨论，教师在课堂上有时间关注个体学生的学习状况，可以了解到学生对问题的想法，从而更真切地帮助学生学习，更能体现做教师的价值。

在讨论课堂教师怎么帮助到学生呢？课堂上教师通常穿梭于不同的讨论组，对学生之间的讨论密切观察，适当的时候要以恰当的方式介入讨论。教师在何时如何介入讨论是非常微妙的事情，教师应该在实践中加以总结经验。同学之间讨论经常会形成某个或某几位学得好的同学主导讨论。教师在适当的时候要介入讨论，目的是鼓励那些不太积极的讨论者或者那些倾听者积极发表自己的见解，同时也是给那些主导讨论的学生做示范，如何耐心听取看起来不太着调的讨论意见，因为有时候这些可能是意外的好主意。但教师不可过度介入讨论，因为教师的权威地位会影响平等讨论的氛围，要防止把讨论变成另一种说教的舞台。如果发现一个比较共性的问题，教师可以组织所有同学一起讨论，这时候每个讨论组选个代表发表该组对该问题的看法，代言人可以由教师指定。教师在指定代言人时，要从各个角度考虑人选。该同学可以是该组中关于这个问题的最具代表性意见的提出者，也可以是在该组讨论该问题时的倾听者，以考验或督促是不是真的所有人都参与到讨论中并理解讨论意见。当发现有讨论组被某个问题困惑时，教师要耐心等待，很多情况下，同学们会通过讨论走出困境。即使没有通过讨论走出困境，这种等待也是必要的。只有当同学百思不得其解时，给予恰当的启发，才会给同学留下深刻印象，从而使其更好地掌握相关的概念和方法。这其实就是论语中说的：不愤不启，不悱不发。

传统课堂上教师驾轻就熟，上课总感觉有很多必须讲的，总有重要的要讲授。有时由于精彩的讲解获得学生由衷的喝彩，教师的满足感可想而知。但即便教师讲的内容真的很重要，可是如果学生还没做好准备去接受这些内容，教师讲得再精彩，学生听得进去吗？教师的精彩其实是自赏而已。所以教师应铭记课堂是为学生学习而设的平台，学生的收获才是最重要的。从这个意义上讲，教师在讨论课堂的作用反而更加实际。

有些物理修养深、水平高的教师，可能因为表现能力不强，上课不吸引学生。但这类教师若组织讨论课，效果可能完全不同。因为教师只需针对同学的疑问进行解答就可以。所以，此时表现力完全是次要的，而物理功底才是最重要的。同学讨论过程若提问教师，而教师恰好看出同学的困境所在，不仅解惑，而且连带其他相关的背景及教师认为重要的内容兜售出去，岂不是恰到好处，事半功倍吗？做过学生的都知道，就在你需要知道某个概念或方法或含义的当口，得到点拨，效率是最高的，效果是最好的。其实这是教师在课堂上要做的很重要的工作，它比课堂上教师讲"单口相声"难得多。而没有多年经验，对课程内容不够熟悉的教师其实是很难胜任的。

有人指责，很多教师讲物理只了解一些知识，对概念或规律背后的东西没有更深刻的了解，还谈什么混合式教学。这根本是逻辑混乱的指责。无论什么教法，合格教师是前提，而在这一点上，对讨论课堂的教师可能要求更高。毫无疑问，教师对物理内容的把握是物理教学质量的首要因素，而讨论课堂更要求教师不仅有理解深度，还要面面俱到，对同学的提问随时应对自如。传统课堂上教师容易把概念用正确的语言表达出来，即使教师本人对概念的理解深度有限或者甚至不是很准确。而物理学习重要的是概念所表达的内涵，而不是表达方式，因为很多情况下通常语言不够完整表述清楚物理概念。在自由讨论时，学生当然不会满足于单调的语言阐述，一定会通过各种沟通方式去了解正确含义或者挖掘更深刻的内涵。所以相比传统课堂教师一人演讲的模式，显然以讨论为主的混合式学习课堂对教师的要求更高。道可道，非常道。物理学的概念以及规律是严格的、准确的。但这些是一成不变的金科玉律吗？想象一下，如果把亚里士多德的观点当作金科玉律一样遵守，还会有后来的伽利略和牛顿的经典力学出现吗？如果死守经典力学的规律，还会有相对论和量子论的出现吗？同样的道理，现在我们关于物理学的许多概念的正确理解及规律的认识，仅仅是体现了现阶段人们的认知水平而已。从这个意义上，我们需要充分认识到物理学诸多概念本身具有的开放性，学习物理学的过程要为学习者保留某些不确定的空间，因为对这些不确定性的深入思考和研究有可能是开启未知领域的切入点。同学之间互相讨论学习的模式，比起教授以权威的角度传递知识，会不会更多地包容个体对某些概念的理解上的某些微妙的差异？尽管它也可能导致对这些概念的理解出现偏差，而这些是否将成为创造新知识的起点也未可知。

2.4 学生应该怎样面对多元化的学习模式

目前，尽管传统的跟随教师上课的学习模式占主流，但还是涌现出不少其他的学习模式，例如，研究型教学，案例教学，实践教学，探究式学习，混合式学习模式，等等。有的是以教为主，有的是以学为主。学习是高度个体化的过程，学到什么，学到什么程度都是要落实到个体，旁人无法替代。所以个体的学习欲望是学好还是学不好的首要因素。合适的学习方法会促进学习的意愿，否则会削弱学习的积极性。有些学生是被动学习，而有些学生则是主动学习，自主学习。这些具备了自主学习能力的学生，传统的课堂学习的方法会限制他们的学习节奏。而混合式学习模式主要是自主学习,学习节奏由自己掌握,所以更加合理。来课堂与同伴互相讨论,可以通过交流扩大学习视角,发现问题,弥补自学的局限性。所以,学生首先要根据个体的特点以及课程的不同选择合适的学习模式。就大学低年级的大学物理课程而言,我倾向于建议同学选择以学为中心的学习模式,例如,本书介绍的混合式学习模式。我这里所讲的混合式学习模式,最重要的一点是学生主动学习,根据自己的节奏学习。

由于传统上课听教师讲课学习的方式是从小养成的,从幼儿园、小学到中学我们一直都是以这种方式学习,觉得这是天经地义的学习方式。甚至我们心理上依赖这种学习方式,不到课堂听教师讲课就好像不是正经学习似的。所以,改变学习方式并不是容易的一件事情。尽管有很多实践结果表明,上课听课学习的模式有很大弊病,但是学生从被动学习的习惯中转变过来还需要有一个认识过程、适应过程,需要克服惯性或惰性。举个身边正在发生的例子。用现金消费是长久的习惯,但是,智能手机的出现改变了这一切,我们现在有很多选择:可以继续用现金,可以用信用卡,可以用微信或支付宝。你还要死守现金结账的习惯吗?同样的道理,有很多不同的学习模式摆在你面前,你是死守传统的学习模式,还是根据自身特点,灵活选择更加高效的学习模式呢?学习是高度个体化的行为,旁人无法替代你学习(将来智能机器人会在什么程度上替代我们学习,那是后话)。作为大学生应该理性地审视这件事情,应该认真自我评估一下,你到课堂听教师讲课是不是非常有效率的学习过程。假如答案是否定的,就应该毫不犹豫地尝试新的学习模式。的确,不论效果如何,与多数同学一起持续传统的学习方式,心理上一定感觉安全。但我们是不是要对自己更负责一点,态度更积极一点,选择更适合自己的学习方式,而不是一味地随波逐流,毕竟这是可以自己改变的事情。不像有些事情,我们随波逐流是无奈的选择。另一方面,作为大学生,培养自学能力是非常重要的目标。而自学能力最重要的体现是主动学习的精神。有了主动学习的精神,毫无疑问按自己的节奏学习效率更高。将来自学除了看书,浏览网页,还需要讨论。我们有各种研讨会,实际是大家一起讨论交流,一起学习新的事物。从这个意义上,混合式学习模式更有益于自学能力的培养。有关混合式学习模式的细节,在后面我会给予更详细的介绍。

2.5 学生应该怎样参与讨论课堂

混合式学习模式的课堂不再是教师在讲台上演讲,课堂上课的形式会更加丰富。我们在清华大学主要是混合式学习模式,课堂上主要是学生之间、师生之间讨论学习内容。根据班级规模可以采用全班一起讨论,也可以分组讨论。考虑到大学物理课学生人数一般比较多,大学物理混合式学习课堂在清华大学的实践,主要是分组讨论的形式。

如何保障课堂上分组讨论的效率呢？对于学生而言，课前学习（看课程视频，看书，做练习）是至关重要的。有一次，课堂讨论内容是静电场中的导体和电介质，自学时间刚好是在十一长假期间。有些学生渡过了愉快的休假，没有自学这部分内容。而这部分内容通常中学阶段涉及不多，所以，课堂上讨论出现问题。这一节讨论内容的1/4没有充分讨论，讨论过程比较沉闷，课堂效率明显未达到预期。由此可以看出，课堂讨论的先决条件是学生事先充分预习，不然讨论什么呢？

充分预习并不是浪费时间，也不意味着讨论课的效率降低，而恰恰相反。预习只是了解阶段，而讨论将是达到加深理解和掌握的过程。通过看视频或看书，做做练习，很容易了解学习内容，但要真正理解和掌握所学内容是不容易的。同学之间讨论问题的过程，可以帮助学生发现哪些问题还没有真正理解，可以帮助学生思考，当然讨论中也会逐渐深入理解概念、方法和掌握内容。

混合式学习模式要求学生来课堂之前，已经看过课堂讨论需要的有关内容的视频，或者是看过教材或同类的书。那么有人会想既然都已经自学过了，又何必花时间来课堂讨论呢？这其实是对物理学习不了解。课堂上听过教师讲，或者看过视频，或者读过书，只是了解了内容，并不意味着学懂了。MOOC课程视频后有测试题目和练习题目（作业），自己在网上做这些题目，对学懂有很大帮助。如果有问题，还需要思考，思考不清楚的课堂上还可以与同学们讨论，这样会加深理解。整个过程都是逐渐学懂的过程。物理的知识是多少代物理学家，经过几百年的研究逐渐积累起来的，而我们要在短短的几年时间学懂，并不是一个容易的过程。所以，学习的过程一般都要求先听讲，然后看书（学习能力强的同学可以自己读书自学），做练习，同时不断思考，还要与别人交流讨论，不经过这些过程很难学懂物理。混合式学习模式实际是把过去传统课堂集中听课，改成学生自己自由看讲课视频或看书，而把课外讨论搬到课堂。好处是明显的，因为比起集中起来课堂听课，自由看讲课视频可以按自己的节奏可快可慢，一下子没听懂的地方，可以倒回去重听，效率有很大提高。课堂组织讨论比起课外自由讨论，效率也更高。因为初学者往往思考不深，很难自发讨论起来，讨论的问题也质量不高，对于真正学懂意义不是很明显。而课堂上的讨论素材大多是教师精心准备的，切中要害，当然效率会高一些。

我还想提请同学注意的是，讨论问题时，一定要互相敬重。例如，对某一讨论题你很快心里有了答案，其他人还在踌躇，那一定是你最清楚吗？不一定，也许别人看到了更多，只是没完全看清而已。打个比方，如果有人问：你是谁？从哪里来？要到哪里去？假如一个小学生或中学生会立刻回答，毫不含混。但大学生就会犹豫，而成年人知道这没答案，根本无法回答。物理问题一样，通常都有不同层次的理解，理解深度会随着你对物理知识的认识增加逐渐加深。例如，前面提到过的质量这个概念，在初中就是物质的多少，而到了高中，它又是惯性的度量，同时也是引力的起源。到大学学习狭义相对论后，发现质量随惯性系变化，而且可以与能量互相转换，而在广义相对论里质量使其周围的时空发生弯曲。如果问粒子怎么会有质量的？答案是有一种叫希格斯的粒子使其他粒子有了质量，那希格斯粒子自身的质量又是怎么来的？到这个时候，问题的答案已经很难有人能回答了。大学物理的学习阶段，讨论问题就局限在普通物理这个层次。即使在这个层次也有不同角度，不同深度，互相讨论不仅可以互相启发，还可以通过与同伴对照比较，自己评估自己理解的质量或层次。不同深度的理解质量一定是非常不同的。通过讨论还要反思，促使加深思维深度，提高讨论质量。所以，讨论过程一定要认真倾听，认真思考，同时也要勇于表达，才能在讨论中有所收获。

在目前阶段，讨论主要是围绕题目展开，但这与做题练习明显有区别。做题练习时把题目做对就可以了，但讨论是要把过程中涉及的概念以及采用方法的道理或原因弄清楚，所以侧重点非常不同。有人也许会说，做题时也需要把其中涉及的概念以及采用方法的道理或原因弄清楚。但实际上，一个人做题练习时并不容易这样做，尤其当一个人做题只是题海战术的一部分时。几个同学一起讨论题目时，就完全不同了，因为要互相沟通想法，自然就会说起其中涉及的概念，自然就要表达对这些概念的理解。同样对采用方法的道理或原因需要做出说明，自然就达到互相沟通想法的目的。在这个过程，很方便同学互相追究题目中涉及的概念以及采用方法的道理或原因。有的同学因为中学的应试习惯，总想简单获得某个题目的标准答案，不然总感觉不踏实。其实这是误区，因为讨论题目和练习题目不太一样，讨论题目往往不止一个答案，要看条件，要看讨论到什么层次。练习题目的条件都是预先设定清楚，不然不好判定对错，而讨论题目的条件往往模糊，条件本身可能都需要通过讨论设定。例如，某个问题通过讨论，发现需要一些条件，在某些条件下可能是这个结论，而在另一些条件下则是另外一个结果。这个过程会使得学习者对概念的理解更透彻，方法更清晰。想一想实际问题，有哪个问题的条件会是清晰地列在那里的？还不是要靠人来分析提炼出问题的条件。

在清华大学讨论课堂，同学们很有创造性，遇到问题可以借助任何工具来研究。例如，讨论一个平拉轮子的问题。轮子比转轴半径大，绳子绕在轴上，如图 2.5.1 所示。问：向前拉绳子轮子是向前移动还是向后移动。这个问题当然同学可以讨论清楚，也有演示实验可以看现象。可是，清华大学自动化系有个同学不满足于此，他要进一步考虑，如果与地面接触的轮子半径小于绳子缠绕的转轴时，如图 2.5.2 所示，情况又会如何？当然这个问题也可以讨论清楚。不过这个同学是怎么做的：他找到一卷卫生纸，用 A4 纸卷成圆筒插入卫生纸中间的圆孔，轮子就做成了。再拉来两张桌子，中间有空隙，桌子就成为轨道，卫生纸就代替绳子，一拉，结果一目了然。读者是不是也可以试一试？后来，我把这个做法介绍给了清华大学物理系演示实验室。根据学生的讨论结果演示实验室的教师们制作了新的演示实验，还把它写成论文在大学物理杂志上发表了。

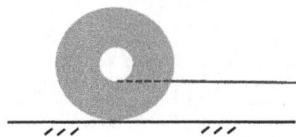

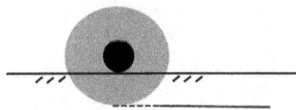

图　2.5.1　　　　图　2.5.2

再例如，有个问题讨论一个均匀杆平放在桌子边缘，开始重心露出去 b 距离，如图 2.5.3 所示。杆会倾斜转动，滑动，然后掉离桌子边缘。问题是：杆与桌面呈什么角度时，杆脱离开桌子？如果假设杆一直不滑动，这个问题可以比较简单计算。但是，实际上杆经常会滑动，所以比较复杂。同学就找到一支笔，放在桌子边缘，让它像上面的杆一样掉下去，同时利用手机高速录像功能记录这个过程。通过慢动作回放可以清晰地看到过程，从而对这个问题有了较直观的了解。这是不是有点研究的味道了？

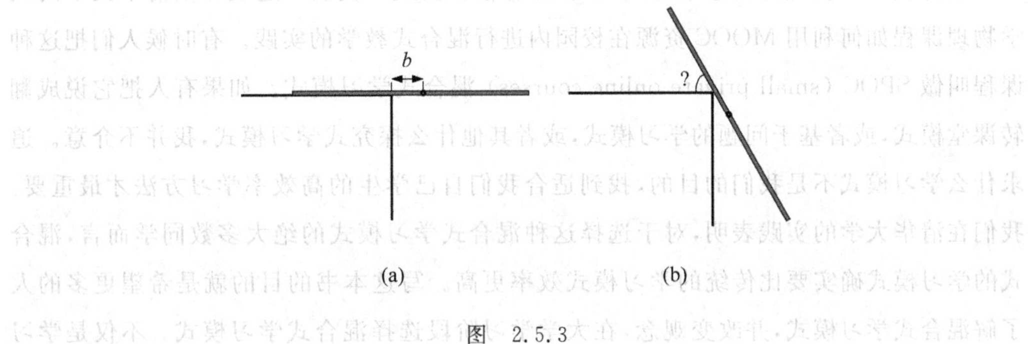

图　2.5.3

还有个问题是讨论蜥蜴在水上跑的时候，是什么给蜥蜴提供浮在水面上的力[6]。问题设计得比较好，里面有些数据，简单跟着提示做的话，就可以了解蜥蜴在水面上跑时，是什么力支撑身体的。但这些数据并不直观，如何让人信服呢？有个同学课上直接利用手机上网，搜寻到蜥蜴水上跑的高速摄像资料，一看就清楚了。所以说，讨论课堂是非常自由的，同学可以充分利用各种资源，很自在地学习物理。

最后一点，同学之间互相讨论学习具有挑战性的一面。传统方式听课学习，同学之间几乎没有什么学术关联，但互相讨论的过程会大大加强相互之间的学术关联。通过交流物理学习，同学之间可以建立起学术交流的关系，在这个过程，思维方式、表达方式以及理解方式等都成为交流的一部分。偶尔也会发生因对问题的理解深度不同，而产生心理上的冲击。这种种思想碰撞过程将更深刻地影响同学关系。也正因为这一点，互相讨论可以促进互相学习，从而达到共同提高的目的。

第3章

什么是大学物理SPOC混合式学习模式

混合式学习模式的概念早有人提出，并有很多实践。我们在这里介绍清华大学的大学物理课程如何利用MOOC资源在校园内进行混合式教学的实践。有时候人们把这种课程叫做SPOC (small private online courses) 混合式学习模式。如果有人把它说成翻转课堂模式，或者基于问题的学习模式，或者其他什么探究式学习模式，我并不介意。追求什么学习模式不是我们的目的，找到适合我们自己学生的高效率学习方法才最重要。我们在清华大学的实践表明，对于选择这种混合式学习模式的绝大多数同学而言，混合式的学习模式确实要比传统的学习模式效率更高。写这本书的目的就是希望更多的人了解混合式学习模式，并改变观念，在大学学习阶段选择混合式学习模式。不仅是学习大学物理，还有其他科学课程和工程课程，当然，文史类课程采用这种学习模式的效率可能会更加显著。

在清华大学，大学物理SPOC混合式学习模式几乎是对传统学习方式的颠覆。下面是这种学习模式的简单示意图：

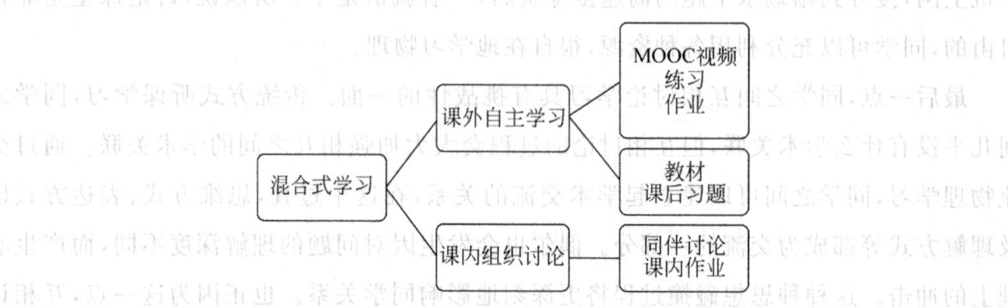

首先我们需要线上讲课视频，这些视频大多是十几分钟时间，讲解几个概念和知识点，是由经验丰富的教师录制，每周提供多个这样的视频。由于时间不长，学生容易找时

间集中精力听完。听不懂的地方可以反复听，也可以结合教材，边读教材边看视频。其次，视频后都挑选了与视频讲授内容相关的简单测试题目，学生可以做练习。每周还附有一些练习题目，是线上作业，学生需要按时完成。学生每周需要自己学习这些内容，自己做线上练习，可以挑选任何自己方便的时间完成自学任务。这就是与课堂听教师讲解不同的地方，它是按学生自己的节奏完成一周的自学任务。假如没有合适的线上视频，学生也可以通过自己阅读教材完成，教材总有一些思考题目，也有很多习题，教师可以帮助学生事先挑选一些合适的思考题目和作业题目，学生找时间自己做，如同过去做作业。这样学生就完成了课前自学，对一周的学习内容有了大致的掌握。有了这些准备，下一步就是课堂学习。

混合式学习模式的课堂是多样化的。我这里介绍清华大学的一种模式，就是课堂上同学之间分组讨论学习。也就是课堂用同学之间讨论取代了教师讲课的方式，当然课堂开始时教师可以先简短总结本周的学习内容，时间不要长，15 分钟左右比较合适，然后同学之间开始讨论。分组讨论是主要环节，分组人数要有限定，每个组的规模 4～6 人比较合适，总的班级规模可以大到 100 人。

同学在学习大学物理之前，基础就很不一样，如何分组呢？第一种方式，随机分组；第二种方式，基础不一样的同学搭配分组；第三种方式，程度相近的同学分为一组。在清华大学这几种方式都采用过，各有优缺点。随机分组比较简单自然。学习基础差别大的学生分在一组，容易形成学得较好的同学主讲，其他同学听讲的局面，不利于讨论的形成。程度接近的分在一组，如果学得都比较好，可以讨论很热烈，如果基础都比较差，不容易讨论起来。另外，如果基础差的同学比较敏感，这样分组会打击自信。尽管，单从讨论效果看，程度比较接近的同学分在一组，互相讨论更有帮助。对于学习基础都比较差的组，一般不容易讨论起来，所以教师要经常关注到讨论进展，经常提醒或鼓励同学讨论问题，有时还要加入到讨论当中。教师根据具体情况，可以摸索着探索最好的分组方式。

前面提到过，教师在这种学习模式中的作用非常重要。教师不仅要提供课堂上同学分组讨论的素材，讨论进行过程中还要穿梭于各组之间，密切观察讨论进展，需要的时候还要直接介入到讨论之中。有一点需要注意的是，当教师想要介入学生讨论时，都要比较谨慎，否则很容易破坏同学之间平等讨论的气氛。如果发现小组讨论某个问题时遇到困难，教师要有耐心等待，只有当同学都感觉需要教师一起讨论，而教师也观察了一段讨论进程，发现确实需要教师干预，才可以和同学一起讨论。如果遇到的问题具有普遍性，也就是多个小组都遇到同样的困难，这时教师可以组织全班一起讨论共同的问题。全班讨论实际是请每个组选一位代表表达组内互相讨论的意见，这样各个小组之间可以互相交流各自讨论的结果。另一方面，对于这时候发言的同学也是其表达能力的一个展现，也可以说是一次锻炼。

另外，根据需要课堂上也可以适当地做一些课堂测试，一次几道题目就可以，然后再讨论。现在流行的"雨课堂"有一种功能可以当时给出学生答对答错的信息。课堂上也可以针对性做演示实验，然后对实验中的现象和问题进行讨论。也可以穿插播放辅助学习的视频资料等。总之，课堂形式可以丰富多彩，但教师需要精心策划，坚持学生主动参与、主动学习这一原则。课堂最后，教师可以对课堂讨论内容和讨论过程做总结归纳，一定要简短，要考虑到为学生自己总结归纳留下空间。教师的总结只是起到示范作用，绝对不能包办。学生要学会自己归纳和总结，这一点十分重要。

上面介绍的是作者在清华大学的实践方式，然而教无定法，任何学习模式不一定要有什么固定的程式，SPOC混合式学习模式也是如此。我认为冠名并不重要，重要的是我们改变传统的以教为中心的学习模式，使它转变为以学为中心，也就是学生主动而非被动学习，学习节奏尽可能多地交给学生掌握。另一方面，若要使这种混合式学习方法成为可持续的、常态的教学方式，它的效率一定是最高的。若是罗列出来，有三点是必须要做到的：

1. 学生投入学习的时间不能比传统教学多；
2. 教师投入的时间也不能比传统方式多；
3. 最重要的是学习效果要比传统方式好。

第 4 章

大学物理混合式学习课堂讨论什么

大学物理混合式学习课堂主要讨论教师精心准备的题目。这些题目的讨论可以帮助学生准确地理解概念，甚至可以加深学生对有些概念的理解，掌握基础物理学中的基本方法。通过讨论还可以提高学生科学的思维能力，因为有逻辑的思维才可以达到合理的推论并被同伴所接受。互相讨论很明显还可以提高学生表达能力进而提高交流沟通的能力。并不是任何题目都可以达到这些目的，只有合适的题目才会有效果。

什么样的题目才是合适的题目呢？首先是有利于概念的准确理解，这样的题目其实有不少，都是以思考题的方式在流传。其次是有利于学习基本方法，很多习题都可以改造成这类讨论题目。题目设计要前后有关联性，最好能够引导讨论从浅层到深层。然而，讨论题目一定要有别于习题，不一定有标准答案，有时候题目的结论可以是发散的。结论不唯一的讨论题目，随着讨论的深入，可以加深对概念的理解。讨论题目的结果不是设计成非对即错，而是有一定灵活性。条件不同，结论不同，这样讨论会加深对物理概念或物理定律的更全面理解，同学也要对此有充分认识，绝不能把讨论课堂当作做题练习的时间。从这个意义上，事先提供这些题目的所谓标准答案或者参考答案，绝对是弊大利小的行为。最后一点，题目的难易程度一定要适合班级同学。虽然题目可以有难易差别，但适中的题目占多数才有利于讨论课堂。

第 2 篇我们提供的是在清华大学 SPOC 大学物理课堂用的讨论题目，其中有些在清华大学使用过多年，有些是从已有的教材或学习材料中挑选出来经过改编的。经过了 3 年的实践，虽然还说不上完善，还需要不断改进，但基本能达到教学目标。再次强调，千万不要把讨论这些题目当作做题练习。考虑到学生之间的差异，我们的题目分成基本题目和提高题目两部分。基本题目是要求每个学生都要讨论过，并且讨论过后对所涉及的概念和方法都比较清楚。提高题目则要求同学根据自身的情况，参与讨论，不要求把所有问题都一定讨论清楚。顺便有少量题目是选择题，可以用于课堂测试。课堂完成作业是要学生在课堂完成的，主要是独立完成，但也可以互相讨论。

在讨论课堂，我们鼓励同学在学习一段时间以后能提出一些质量高的问题，丰富讨论题目。能否提出高质量问题，代表思维层次的高低，是评价学生学习质量的一个标准。实际上如何提出问题这件事本身，就是需要学习的。新的发现或者新的知识体系的建立，往往是从提出恰当的问题开始的。问题提得好，就可能得到合理的答案，问题就有可能得到解决。如果问题提得不合理或者视角不对，我们可能完全得不到解答。所以，我们希望同学们在学习过程中有意识地培养如何提出问题，如何提出合理的问题，如何提出高质量的问题，这也是讨论课堂的一个目标。

第2篇

大学物理SPOC混合式学习课堂讨论题目

力　学

5.1 运动学

1. 本节要点

位移：$\Delta \boldsymbol{r}$(如图 5.1.1 所示)

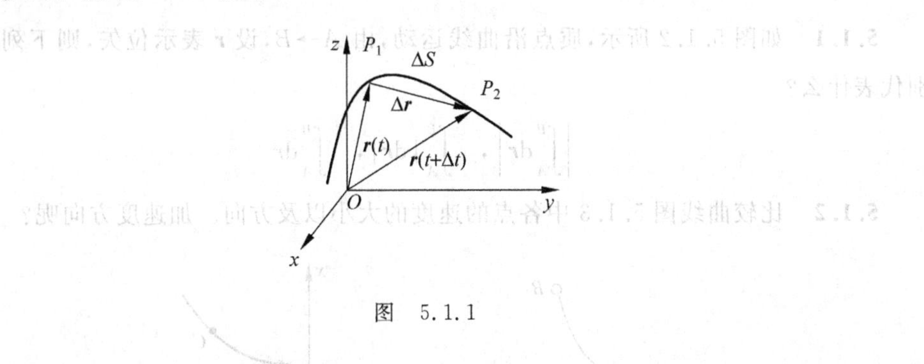

图 5.1.1

速度：$\boldsymbol{v}=\lim\limits_{\Delta t\to 0}\dfrac{\Delta \boldsymbol{r}}{\Delta t}=\dfrac{\mathrm{d}\boldsymbol{r}}{\mathrm{d}t}$,加速度：$\boldsymbol{a}=\dfrac{\mathrm{d}\boldsymbol{v}}{\mathrm{d}t}=\dot{\boldsymbol{v}}=\ddot{\boldsymbol{r}}$。

匀加速运动：加速度恒定的运动,运动限制在初速度和加速度两个矢量构成的平面内,通常把这个平面选为 x-y 坐标平面。

速度和位置的公式：

$$\boldsymbol{v}=\boldsymbol{v}_0+\boldsymbol{a}t$$

$$\boldsymbol{r} = \boldsymbol{r}_0 + \boldsymbol{v}_0 t + \frac{1}{2}\boldsymbol{a}t^2$$

地面上粒子的抛物线运动只是加速度等于重力加速度的一个特例。由于运动的叠加原理,各个方向的运动是互相独立的。例如,抛体运动可以认为水平匀速直线运动和竖直匀加速直线运动的合成。

圆周运动:轨迹是圆,速度 $\boldsymbol{v}=\boldsymbol{\omega}\times\boldsymbol{r}$,角速度 $\boldsymbol{\omega}$ 的方向由右手螺旋规则确定。加速度分两项,$\boldsymbol{a}=\boldsymbol{a}_\mathrm{n}+\boldsymbol{a}_\mathrm{t}$。

向心加速度 $\boldsymbol{a}_\mathrm{n}=\boldsymbol{\omega}\times\boldsymbol{v}=-\omega^2\boldsymbol{r}=\frac{v^2}{r}\hat{\boldsymbol{n}}$,切向加速度 $\boldsymbol{a}_\mathrm{t}=\boldsymbol{\alpha}\times\boldsymbol{r}$。

其中,角加速度 $\boldsymbol{\alpha}=\frac{\mathrm{d}\boldsymbol{\omega}}{\mathrm{d}t}$。

任何曲线运动,在某一点都可以有法向加速度 $\boldsymbol{a}_n=\frac{v^2}{\rho}\hat{\boldsymbol{n}}$,$\rho$ 是曲率半径。

切向加速度 $\boldsymbol{a}=\frac{\mathrm{d}v}{\mathrm{d}t}\hat{\boldsymbol{t}}$。

粒子在参考系 S 的速度 $\boldsymbol{v}$ 和在参考系 S' 的速度 $\boldsymbol{v}'$ 之间变换关系 $\boldsymbol{v}=\boldsymbol{v}'+\boldsymbol{v}_0$,其中 $\boldsymbol{v}_0$ 是两个参考系之间的速度。如果这个速度为常矢量,称为伽利略变换。若两个参考系互相平动,则加速度关系为 $\boldsymbol{a}=\boldsymbol{a}'+\boldsymbol{a}_0$,其中 $\boldsymbol{a}_0$ 是两个参考系之间的平动加速度。

2. 基本题目

5.1.1 如图 5.1.2 所示,质点沿曲线运动,由 $A\to B$,设 $\boldsymbol{r}$ 表示位矢,则下列各式分别代表什么?

$$\left|\int_A^B \mathrm{d}\boldsymbol{r}\right|,\quad \int_A^B |\mathrm{d}\boldsymbol{r}|,\quad \int_A^B \mathrm{d}r$$

5.1.2 比较曲线图 5.1.3 中各点的速度的大小以及方向。加速度方向呢?

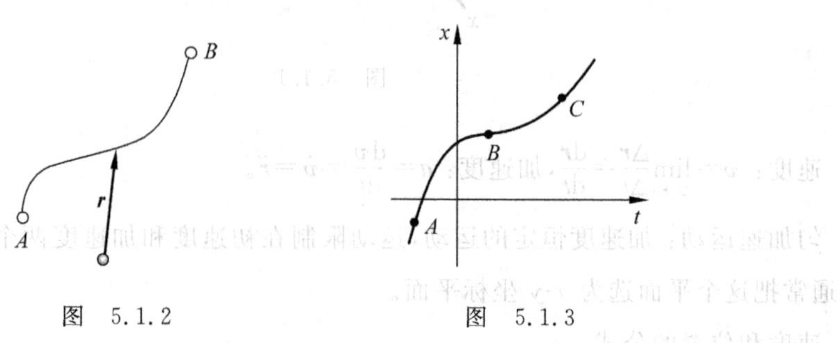

图 5.1.2　　图 5.1.3

5.1.3 一个球垂直向上扔出,在重力影响下它达到高点再回落。在最高点小球加速度是多少?假设我们把运动过程拍下来,然后把录像带倒过来播放,小球运动的加速度是多少？

5.1.4 作匀加速运动时，物体为什么限制在初速度和加速度两个矢量构成的平面内？

5.1.5 足球守门员两次开大脚球，如图 5.1.4 所示（不考虑空气阻力），则球飞行的时间（　　）。

A. A 更长　　　　B. B 更长

C. 两次一样长　　　　D. 不好确定，需要更多的信息

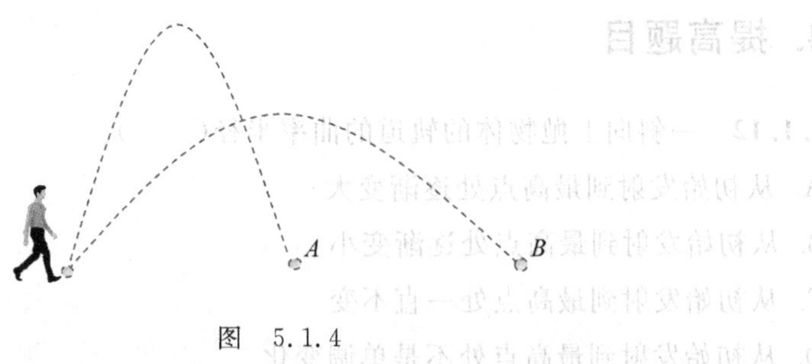

图 5.1.4

5.1.6 如图 5.1.5 所示，绞车以恒定的速率 v_0 收绳。问：绳上各点速度的大小相同吗？方向呢？船速为多少？为什么比绳缩短的速率大？船的加速度又为何？

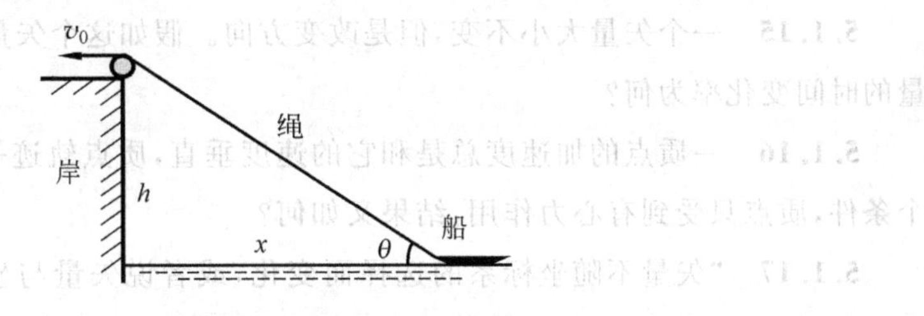

图 5.1.5

5.1.7 一个人静坐在圆盘的边缘，圆盘正在旋转并逐渐加速。此时这个人的加速度以及角加速度矢量沿什么方向？如果这个人垂直向上高抛一球，球能落回圆盘上吗？如果瞄准圆盘中心抛球，球能到达圆盘中心吗？

5.1.8 物体作圆周运动，特点就是半径是常量。试用代数方法推导它的向心加速度一定是速度平方除以半径。

5.1.9 在电影中有时候会看到向前行驶的汽车轮子似乎比较慢地倒转的情景，能解释这是为什么吗？

5.1.10 速度合成 $\boldsymbol{v}=v_x\boldsymbol{i}+v_y\boldsymbol{j}$ 和速度变换 $\boldsymbol{v}=\boldsymbol{v}'+\boldsymbol{u}$ 在数学上都是矢量加法，在物理上有何差别？

3. 课堂完成作业

5.1.11 位置矢量 $\boldsymbol{r}=5.00t\hat{\boldsymbol{i}}+(4.00t-4.90t^2)\hat{\boldsymbol{j}}$是一个粒子位置随时间变化的函数($\hat{\boldsymbol{i}}$、$\hat{\boldsymbol{j}}$分别代表$x$ 轴、y 轴的正方向单位向量)。向量 $\boldsymbol{r}$ 的单位是米(m),时间 t 的单位是秒(s)。求:

(1) 粒子运动的速度和加速度;

(2) 粒子的运动方向何时与 x 轴方向成 45°?

4. 提高题目

5.1.12 一斜向上抛物体的轨道的曲率半径(　　)。

A. 从初始发射到最高点处逐渐变大

B. 从初始发射到最高点处逐渐变小

C. 从初始发射到最高点处一直不变

D. 从初始发射到最高点处不是单调变化

5.1.13 物体从原点以速率 v_0 抛出,求所有可能抛物线轨迹的包络面。

5.1.14 极坐标中描述方向的两个单位矢量$\hat{\boldsymbol{r}}$,$\hat{\boldsymbol{\theta}}$,它们时间变化率的大小都是 $\dot{\theta}$,为什么?

5.1.15 一个矢量大小不变,但是改变方向。假如这个矢量以角速度$\boldsymbol{\omega}$ 旋转,则该矢量的时间变化率为何?

5.1.16 一质点的加速度总是和它的速度垂直,质点轨迹一定是圆吗?如果增加一个条件,质点只受到有心力作用,结果又如何?

5.1.17 “矢量不随坐标系的选择而变化,或者说矢量与坐标系的选择无关”,你认为这句话正确吗?是否与速度变换公式矛盾?为什么?

5.1.18 转动参考系如图 5.1.6 所示,地面上有一个以角速度 ω 转动的圆盘,中心固定在地面。地面上有一个坐标系 S,另一个坐标系固连在圆盘上 S',原点都在圆心。圆盘上某一点坐标分别是(x,y)和(x',y'),在圆盘参考系,该点沿着径向作匀速运动,速度大小为 v_0。在地面参考系看,该点速度为何?分别用地面坐标和圆盘坐标表示。

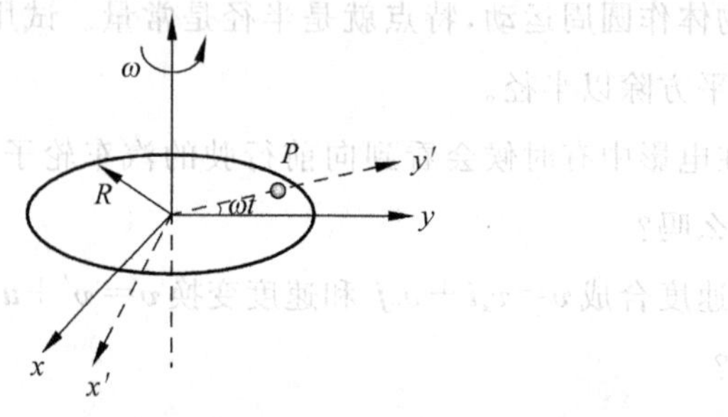

图 5.1.6

5.2 质点力学

1. 本节要点

牛顿第一定律定义了惯性系，而牛顿定律在惯性系成立。

惯性力：在非惯性系若要应用牛顿定律，需要引入惯性力。

对于平动加速系（非惯性系），质点 m 的惯性力为 $-m\boldsymbol{a}_0$，其中 $\boldsymbol{a}_0$ 是参考系加速度。

对于转动参考系，质点 m 的离心力为 $m\omega^2\boldsymbol{r}$，其中 ω 是参考系转动角速度；还受到另一个惯性力，科里奥利力 $2m\boldsymbol{v}'\times\boldsymbol{\omega}$，其中 $\boldsymbol{v}'$ 是质点在转动参考系中的速度。

引潮力：引力不均导致大块物体在引力场中受到引潮力。在物体参考系，大块物体在中心引力场，其各处引力不匀，而物体上惯性力各处相同，这就导致该物体沿着引力方向被拉伸，而侧面则被压缩。这就是为什么地球某处转到对着或者背着月亮位置时，当地海水涨潮，转到地月连线侧面时落潮。地球上的引潮力主要是月球和太阳提供的。

2. 基本题目

5.2.1 什么是惯性系？如何判断你所在的参考系是不是惯性系？

5.2.2 “一匹马能拉动马车前进，是因为马向前拉动挂车的力比挂车向后拖马的力大。”这种说法有道理吗？

5.2.3 两个人为了比力气，各抓住绳子的两头拉拽，但谁也拉不动谁。假如两人以同样的力气，一起拉拽绳子的一头，而绳子的另一头则系在固定的木桩上，此时绳子上的张力是不是和原来两人互拽的情况时一样？

5.2.4 要移动地面上一个比较沉的小方木箱子。面积大的面放地上，还是面积小的面放地上有利于移动？推容易还是拉容易？

5.2.5 一质量为 m 的小球按如图 5.2.1 悬挂方式平衡。图(a)的上端为绳索，图(b)的上端为弹簧。现剪断水平绳索，两种情况下，剪断瞬间小球所受拉力各多大？为什么？

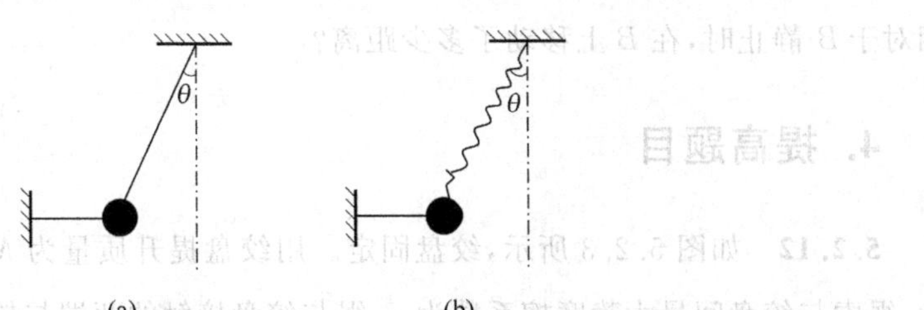

图 5.2.1

5.2.6 一个物体漂浮在一个装有水的容器中，而容器放置在一个电梯中。电梯向上运动，则物体吃水线相比电梯静止时(　　)。

A. 电梯匀速向上运动，吃水线不变

B. 电梯加速向上运动，吃水线下移

C. 电梯减速向上运动，吃水线上移

D. 无论是变速或匀速向上运动，只要水面不动，吃水线不变

5.2.7 空间站绕着地球自由飞行。在空间站里面观察某个小物体的运动，如果没人碰它，它将静止或持续匀速直线运动，因为(　　)。

A. 空间站离地球远，重力可以忽略

B. 物体重力与惯性力平衡抵消

C. 空间站不够大

D. B和C

5.2.8 当公交车向左急转弯时，而速度没有变化，则乘客会被向右甩，这是因为受到向右的力的关系吗？试分别从地面参考系和公交车参考系讨论问题。

5.2.9 在南半球，水从容器下面小孔自然漏下去的时候，会在水面看到小旋涡。从上往下看，判断旋涡旋转方向应沿着(　　)。

A. 顺时针　　　　B. 逆时针

C. 旋涡旋转方向随机　　　　D. 取决于孔径大小

3. 课堂完成作业

5.2.10 当一艘3500kg的船的发动机关掉时，它正以60km/h的速度航行。这艘船和水之间的摩擦力 f_k 的大小与这艘船的速率成正比，$f_k=70v$，速率 v 的单位是m/s，f_k 的单位是N。请问，船速降到30km/h时，船走了多远距离？

5.2.11 如图5.2.2所示，在光滑水平地面上有一质量为 m_B 的静止物体 B，在 B 上有一个质量为 m_A 的静止物体 A，二者之间的摩擦系数为 μ。今对 A 施一水平冲力使之以速度 v_A(相对于地面)开始向右运动，并随后又带动 B 一起运动。问 A 从开始运动到相对于 B 静止时，在 B 上移动了多少距离？

4. 提高题目

5.2.12 如图5.2.3所示，绞盘固定。用绞盘提升质量为 M 的重物，设绳索质量不计，绳索与绞盘间最大静摩擦系数为 μ，绳与绞盘接触的两端与轮心连线夹角为 θ，求：欲保持重物不动，至少需要多大的力？

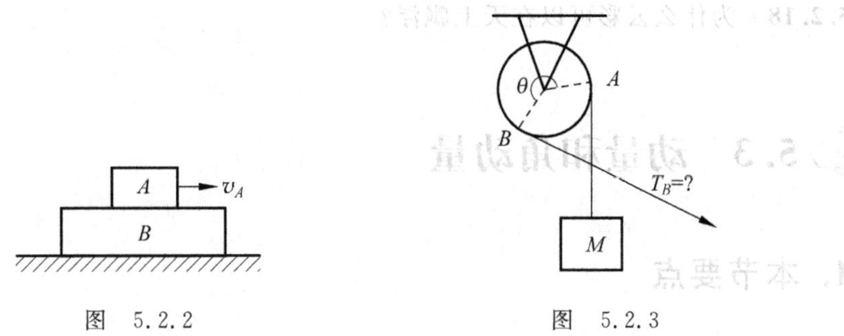

图 5.2.2　　图 5.2.3

5.2.13 根据昆虫学家的研究，昆虫夜间运动常以月光为基准。由于月球距地球很远，月光可以看成是平行光，昆虫选好目标后，保持与月光成固定角度运动就可以沿直线到达目标。但如果昆虫把附近的某光源，如灯泡或烛光，误认为是月光，那么它的运动就不再是直线。试求其运动轨迹，解释"飞蛾扑火"现象。

5.2.14 通常汽车在启动瞬间，明显可以看到车尾向下沉，能解释为什么吗？

5.2.15 如图 5.2.4 装置，打击 m_1 使之有水平速度 v_0。求：刚刚打击后的瞬时，绳 b 中的张力 T。

5.2.16 如图 5.2.5 所示，在一个以角速度 ω 旋转的圆盘上，有一个物体 m，圆盘非常光滑。在实验室系，该物体静止。在转动参考系看来，该物体又是怎样运动的？在转动参考系中使该物体加速运动的力是什么？

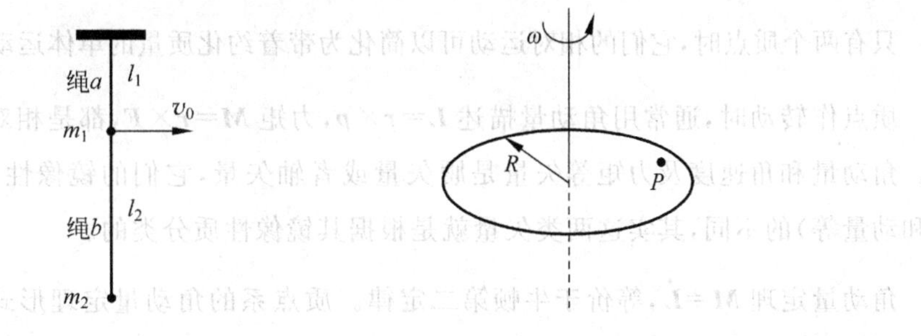

图 5.2.4　　图 5.2.5

5.2.17 引潮力 如图 5.2.6 所示，一根长度为 L 的均匀细杆，质量为 m，从空中掉下，当下端下落到距地面距离为 h 的时候，如何计算杆中的张力分布？

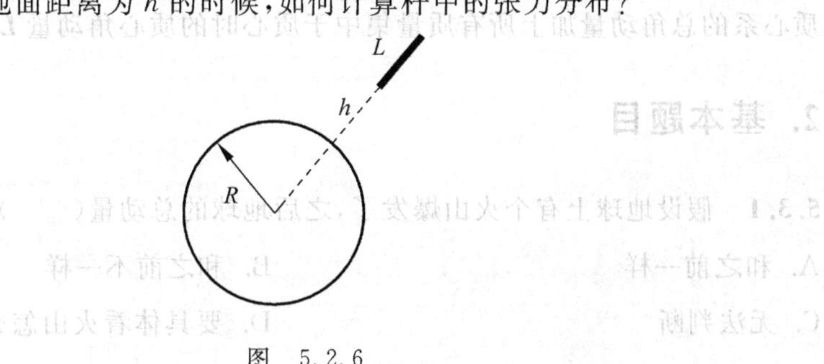

图 5.2.6

5.2.18 为什么云彩可以在天上飘浮？

5.3 动量和角动量

1. 本节要点

质点冲量等于动量的改变，$\Delta \boldsymbol{I}=\boldsymbol{F}\Delta t=\Delta \boldsymbol{p}$ 此为动量定理。有限时间内的变化可以利用积分求和得到。

质点系所受总外力等于总动量变化率 $\boldsymbol{F}=\frac{\mathrm{d}\boldsymbol{p}}{\mathrm{d}t}$，内力互相抵消。质点系所受外力和为零时，总动量守恒。

质点系质心定义为 $\boldsymbol{r}_c=\frac{\sum_{i=1}^{N} m_i \boldsymbol{r}_i}{\sum_{i=1}^{N} m_i}$。

质心为参考系称为质心系，通常选质心作为质心系坐标原点。在质心系，质点系的总动量恒为零。质点系所受外力等于所有质量乘以质心加速度，这就是质心运动定理 $\boldsymbol{F}=M\boldsymbol{a}_c$。

质心运动规律相当于所有质量集中于质心的一个质点的运动规律。

只有两个质点时，它们的相对运动可以简化为带着约化质量的单体运动$\frac{1}{\mu}=\frac{1}{m_1}+\frac{1}{m_2}$。

质点作转动时，通常用角动量描述 $\boldsymbol{L}=\boldsymbol{r}\times\boldsymbol{p}$，力矩 $\boldsymbol{M}=\boldsymbol{r}\times\boldsymbol{F}$，都是相对于某个点而言的。角动量和角速度及力矩等矢量是赝矢量或者轴矢量，它们的镜像性质与极矢量（速度和动量等）的不同，其实这两类矢量就是根据其镜像性质分类的。

角动量定理 $\boldsymbol{M}=\dot{\boldsymbol{L}}$，等价于牛顿第二定律。质点系的角动量定理形式与质点情形相同，只是其中力矩是质点系总的外力矩，角动量是质点系总的角动量。内力矩互相抵消。当外力矩为零时，质点系角动量守恒，不要求外力为零。

角动量定理在质心系形式也相同 $\boldsymbol{M}'=\dot{\boldsymbol{L}}'$。某个惯性系中的质点系的总角动量等于其在质心系的总角动量加上所有质量集中于质心时的质心角动量 $\boldsymbol{L}=\boldsymbol{L}'+\boldsymbol{r}_c\times\boldsymbol{P}$。

2. 基本题目

5.3.1 假设地球上有个火山爆发了，之后地球的总动量（　　）。

A. 和之前一样　　B. 和之前不一样

C. 无法判断　　D. 要具体看火山怎么爆发的

5.3.2 假设有一辆在无摩擦的水平直轨道运动的煤车，发动机已经关闭，由于装载马虎，不断有煤向下漏到地上，则煤车的速度将（　　）。

A. 增大　　B. 不变　　C. 减小　　D. 无法确定

5.3.3 小明荡秋千（如图 5.3.1），在高 h_0 处从静止开始下摆，到最低点时拾起地面上的书包，然后荡到最高点，高度 h_1，再从高点摆回最低点时，把书包放到地上，接着荡到最高点，高度达到 h_2。忽略秋千摆动过程中的摩擦和阻力，这三个高度之间的关系是（要讨论原因）（　　）。

A. $h_0=h_1=h_2$　　B. $h_0>h_1>h_2$　　C. $h_0>h_1=h_2$　　D. $h_0>h_2>h_1$

E. $h_0=h_2>h_1$

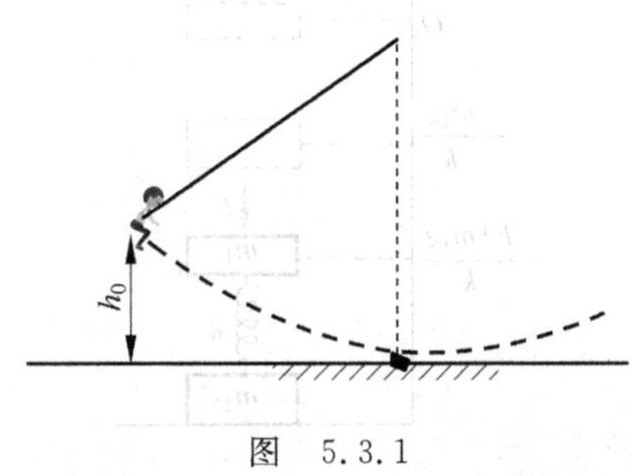

图 5.3.1

5.3.4 一个人沿着水平的圆周快速旋转一个系在绳子上的网球（所以旋转轴是竖直的），圆半径为 r，角速度为 ω。网球匀速转动的时候，在某个位置处受到猛烈的击打，击打冲量 I，击打方向是：(1)沿着网球运动方向；(2)竖直向上。两种情况下，分别定量描述网球的运动。

5.3.5 假设，当听到一个预先安排好的信号后，世界上所有人都开始向东跑，大约5s后，所有人都停下来，然后恢复日常活动，则地球的总自转角动量（　　）。

A. 和人群起跑前一样　　B. 和人群起跑前不一样

C. 无法判断　　D. 要看人群是否同时停下来

5.3.6 完全弹性碰撞和完全非弹性碰撞时，撞击力都很大，但都动量守恒，而动能则一个守恒，而另一个不守恒，为什么？

5.3.7 在光滑平面上，两个相同钢球弹性碰撞。假设碰前一球静止，则它们要么会交换速度，要么碰后速度方向互相垂直，这是为什么？

5.3.8 N 个质点系的质心为什么定义为目前的形式？请列举你所知道的质心特性。

5.3.9 一个质量 m 的人站在一艘质量为 M 的平底船上，船长 L，船质心在船中间。开始人在船尾，船静止，当人从船尾走到船头时，船移动了多少距离？（不用动量守恒，直接计算）

5.3.10 假设两辆小车动量相同，迎面相撞，碰撞是完全非弹性的。则两辆车遭受破坏的严重程度，如何与它们的质量大小相关联？

3. 课堂完成作业

5.3.11 如图 5.3.2 所示，质量为 m_1 和 m_2 的物体用弹簧相连，弹簧劲度系数为 k，m_2 放置于桌面。以大小为 $F=(m_1+m_2)g$ 的作用力作用于 m_1，使弹簧压缩，然后释放。以两物体为体系。

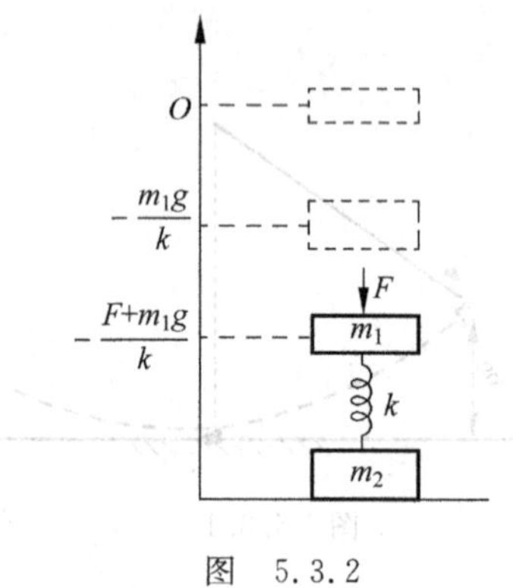

图 5.3.2

(1) 试求质心加速度的最大值。

(2) 试问 m_1 位于何处时，质心加速度为零？

4. 提高题目

5.3.12 一个质量为 m_1 的木块 1 在无摩擦的地板上沿着 x 轴滑行，然后与静止的质量为 m_2 的木块 2 发生了弹性碰撞。两个木块质量是什么关系时，木块 2 的速度比木块 1 的开始速度小？

5.3.13 两个人在太空（穿着宇航服）来回地扔一个球。由球作为媒介引起的相互作用是排斥的还是吸引的？如果我们拍下运动过程，并把影片倒过来放映，相互作用显示不同吗？这个过程质心位置会发生变化吗？

5.3.14 水上蜥蜴可以在水面上行进，如图 5.3.3 所示。每走一步，蜥蜴首先用它的脚拍击水面，然后非常快地将脚推下水，这样就可以在脚背上形成一个空气腔。为了把脚拉上来时无需克服水的阻力，蜥蜴会在水流进空气腔之前把脚收回，这样就完成了一步的整个过程。假设一条水上蜥蜴质量是 100.0g，每只脚的质量是 4.00g，当蜥蜴用脚拍击水面时，脚的速度是 1.5m/s，完成一整步的时间是 0.100s。你认为拍击水面和向下推水中的哪个动作提供给蜥蜴最主要的支持力呢？还是说这两个动作提供的支持力大致相等?[6]

图 5.3.3

5.3.15 牛顿第二定律可表达为：$\boldsymbol{F}=\dfrac{\mathrm{d}(m\boldsymbol{v})}{\mathrm{d}t}$，有人把它用于正在自由空间($F=0$)发射的火箭，把火箭看作变质量物体(质量随时间变化)，得

$$\boldsymbol{F}=m\frac{\mathrm{d}\boldsymbol{v}}{\mathrm{d}t}+\boldsymbol{v}\frac{\mathrm{d}m}{\mathrm{d}t}=0$$

即

$$m\mathrm{d}\boldsymbol{v}+\boldsymbol{v}\mathrm{d}m=0$$

由此求得火箭速度

$$v(t)=v_0\frac{m_0}{m(t)}$$

这显然是一个错误的结果，错在哪里?

5.3.16 如图 5.3.4 所示，已知：绳的线密度为 λ，施加竖直外力。当软绳分别被(1)匀速(2)匀加速提起时，怎么计算 F。

5.3.17 为什么在质心系中，即使这个质心系不是惯性系，质点系的动量总是守恒的?

5.3.18 **重心和质心** 如图 5.3.5 所示，地球的表面立有一根长度为 L，并且均匀的长杆，请讨论在什么条件下，它的重心(引力中心)和质心重合?

5.3.19 一个小球摞在质量远大于其质量的大球正上面，如图 5.3.6 所示，一起从高处掉下来。假设，两个球以及地面的弹性很好，则小球落地反弹速度是其单独从同一高处落下反弹速度的 3 倍，为什么?

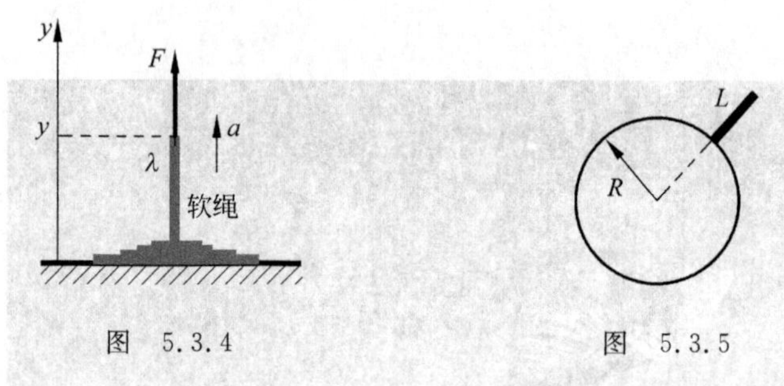

图 5.3.4　　图 5.3.5

5.3.20 一小段绳子系在天花板上，下面坠着一个质量 5kg 的小球。小球下面有一小段相同的绳子，与小球粘在一起(图 5.3.7)。所有粘接处都很牢固。假设，绳子只能承受 80N 的张力，否则断掉。问：如果慢慢加力拉下面绳子，哪根绳子先断？如果用力快速拉下面绳子，哪个绳子先断？为什么？

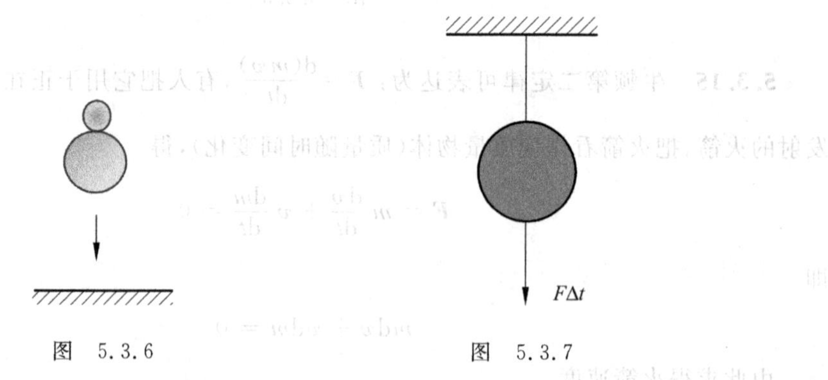

图 5.3.6　　图 5.3.7

5.3.21 角动量守恒 一长度为 l 的轻质细杆，两端各固结一个小球，平放在光滑水平面上，开始时静止。另一小球，以垂直于杆身的初速度 v_0 与杆端的 A 球作碰撞，如图 5.3.8 所示。设三球质量同为 m，碰撞后轻杆以角速度 ω 转动。则 $v_0 \geqslant l\omega$，为什么？

5.3.22 赤道上有一高度为 h 的楼，一物体由楼顶自由下落时，由于地球自转的影响，物体将落在楼根的东侧，这一现象称为落体东移，如图 5.3.9 所示。在地心参考系，物体下落过程角动量守恒吗？试计算物体着地点与楼根的距离。

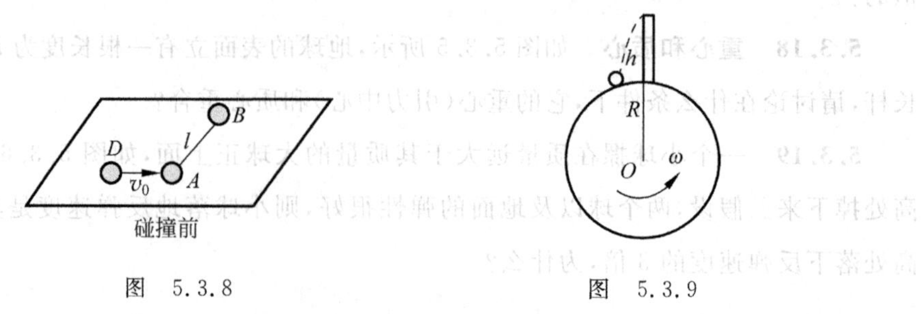

图 5.3.8　　图 5.3.9

5.4 功和机械能

1. 本节要点

如图 5.4.1 所示，A 到 B 做功 $W_{AB}=\sum_i \boldsymbol{F}_i\cdot\Delta\boldsymbol{r}_i=\int_A^B \boldsymbol{F}\cdot\mathrm{d}\boldsymbol{r}$ 它是小段功的和，这里积分是线积分，就是求和的意思。合力对质点做功等于质点的动能增量 $W_{AB}=\frac{1}{2}mv_B^2-\frac{1}{2}mv_A^2=E_{kB}-E_{kA}$ 这是质点的动能定理。

功率：$\boldsymbol{f}\cdot\boldsymbol{v}=\frac{\mathrm{d}E_k}{\mathrm{d}t}$。

动能定理：对于质点系，所有内力和外力做的功等于质点系动能的增量 $W_{外}+W_{内}=E_{kB}-E_{kA}$。

这里要注意总的内力做功通常不为零。

柯尼希定理：质点系总动能等于质心系中的总动能加上质心的动能，$E_k=E_k'+E_{kC}'$。

质心动能等于所有质量集中于质心并以质心速度运动时的动能。对于两体系统，质心系中的动能等于带着折合质量的质点以两体相对运动速度运动的动能 $E_k'=\frac{1}{2}\mu v^2$。

动能定理在质心系也成立且形式相同。

一对力做功：作用力和反作用力做的功，如图 5.4.2 所示$\Delta W=\boldsymbol{f}_2\cdot\Delta\boldsymbol{r}_2+\boldsymbol{f}_1\cdot\Delta\boldsymbol{r}_1=\boldsymbol{f}_2\cdot\Delta(\boldsymbol{r}_2-\boldsymbol{r}_1)$。

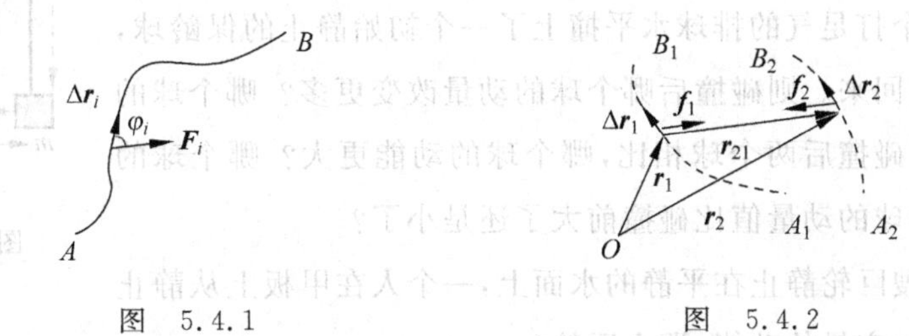

图 5.4.1　　　　图 5.4.2

保守力：两个物体质量分别为 M 和 m，它们之间的相对坐标若为 $\boldsymbol{r}$，则引力（一对力）做的功为

$$W=\int_A^B -G\frac{mM}{r^2}\hat{\boldsymbol{r}}\cdot\mathrm{d}\boldsymbol{r}$$

这个功与具体路径没有关系，所以引力也称为保守力。保守力可以定义势能差，有

$$E_A-E_B=\int_A^B -G\frac{mM}{r^2}\hat{\boldsymbol{r}}\cdot\mathrm{d}\boldsymbol{r}$$

通常选无穷远处势能为零，则 $E_p=\int_p^{\infty}-G\frac{mM}{r^2}\hat{\boldsymbol{r}}\cdot\mathrm{d}\boldsymbol{r}=-G\frac{mV}{r}$。

由于这是一对力的功定义的，所以势能属于两个物体共同所有。

均匀球壳引力：可以证明，在均匀球壳内，质点不受引力，在球壳外，质点受到的引力相当于球壳质量集中于球心时产生的引力。

开普勒问题中，行星受到的太阳引力沿径向，所以力矩为零，行星角动量守恒。

已知一个保守力场中质点的势能 E_p，则质点所受保守力为 $\boldsymbol{F}=-\nabla E_p$。

势能曲线：势能随坐标的变化曲线。曲线的负斜率表示质点受力沿该坐标的分量。

机械能：质点的动能与势能和。

质点系功能原理：所有外力和非保守内力做功和等于机械能的增量。

$$W_{外}+W_{内非}=(E_{kB}+E_{pB})-(E_{kA}+E_{pA})$$

若系统只有保守内力做功，则显然系统机械能守恒。

2. 基本题目

5.4.1 一个人以恒定的速度沿地面拖动一个箱子。在地面参考系，摩擦力做功容易计算。有人说：在箱子参考系，箱子没有位移，所以摩擦力做功为零。你认为有道理吗？为什么？

5.4.2 一个质量为 m 的木箱挂在一条绳子末端，绳长 l。现在用一个水平方向变化的力 $\boldsymbol{F}$ 来移动木箱，木箱被拉开了距离 d（如图 5.4.3 所示）。假设在上述移动前和移动后，木箱都是静止的，力 $\boldsymbol{F}$ 对木箱做的功如何计算？

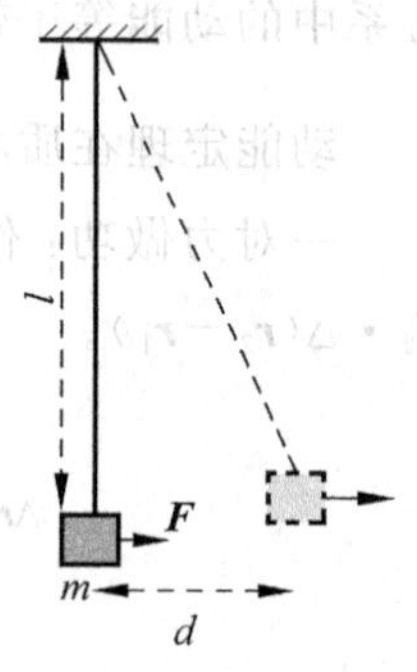

图 5.4.3

5.4.3 一个打足气的排球水平撞上了一个初始静止的保龄球，然后被弹性地弹回来。则碰撞后哪个球的动量改变更多？哪个球的动能变化更大？碰撞后两个球相比，哪个球的动能更大？哪个球的动量值更大？排球的动量值比碰撞前大了还是小了？

5.4.4 一艘巨轮静止在平静的水面上，一个人在甲板上从静止开始加速，获得一定量的动能，那么巨轮（ ）。

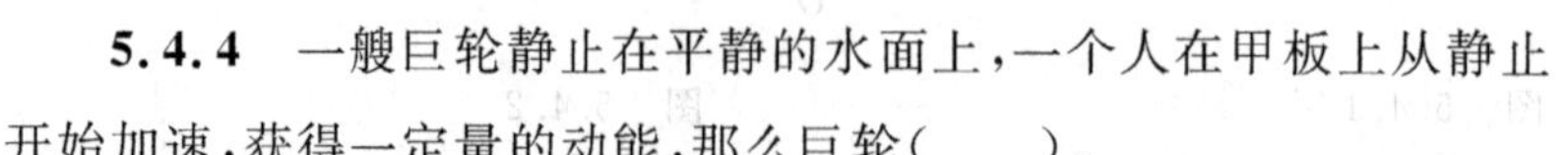

A. 获得了更多的动能 B. 获得了相同量的动能

C. 获得了相对很少的动能 D. 失去了这个人所获得的那些动能

5.4.5 两个质量分别为 m 与 M 的小球，位于一固定的、半径为 R 的水平光滑圆形沟槽内。一轻弹簧被压缩在两球间（未与球连接），用线将两球缚紧，并使之静止，如图 5.4.4 所示。今把线烧断，两球被弹开后沿相反方向在沟槽内运动，并在某处相撞。整个过程中哪些量是守恒量？能写出具体表示吗？

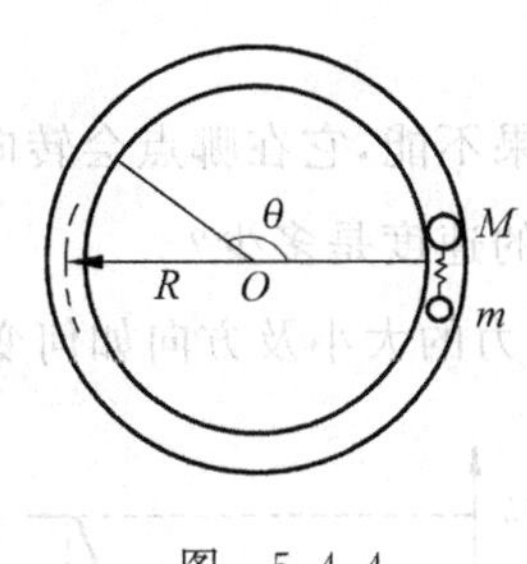

图 5.4.4

5.4.6 对于下列情况分析守恒量(如图 5.4.5 所示):

(1) 锥摆。

(2) 两物体放在光滑水平面上,中间用弹簧连接。

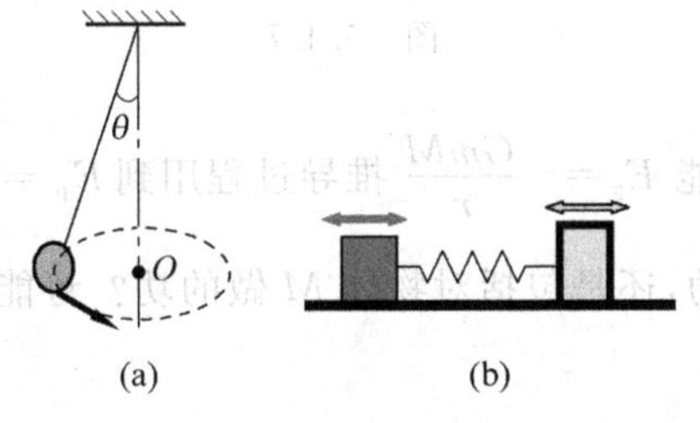

图 5.4.5

5.4.7 皮带放在光滑地面上,砖块 m 被皮带拖动,如图 5.4.6 所示,物体 m 从 $v_m=0$ 到 $v_m=v$ 的过程中,判断下列说法是否正确。

(1) f' 对 M 做的功 $=-$(f 对 m 做的功)。

(2) F 做的功 $+f'$ 做的功 $=m$ 获得的动能。

(3) F 做的功 $+f'$ 做的功 $=0$。

(4) F 做的功 $=m$ 获得的动能。

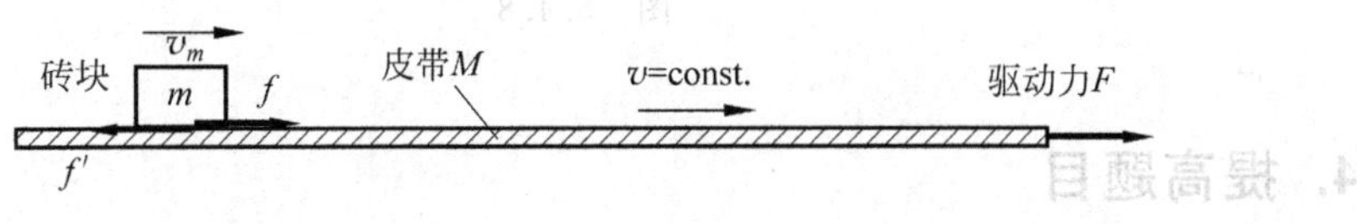

图 5.4.6

5.4.8 一个汽车开动马达,想要获得大的引擎力,是放在高挡位还是低挡位有利?

5.4.9 比较一下质点系的动量定理、角动量定理和动能定理。在质心系这些定理形式上有改变吗?质心系如果是非惯性系还要考虑惯性力的影响吗?动量、角动量和动能在质心系和地面参考系之间的变换关系是怎样的?

5.4.10 质量 m 的质点只能沿着 x 轴移动。图 5.4.7 显示了势能随 x 位置的变化(不存在非保守力)。质点在 $x=0$ 的位置,以初动能 $E_k=(U_C-U_A)/2$ 沿着正 x 轴方向被释放。请问：

(1) 质点能达到 x_C 点吗？如果不能，它在哪点会转向？

(2) 质点在 x_B 势能极值位置的速度是多少？

(3) 质点在从 x_A 到 x_C 各处受力的大小及方向如何变化？

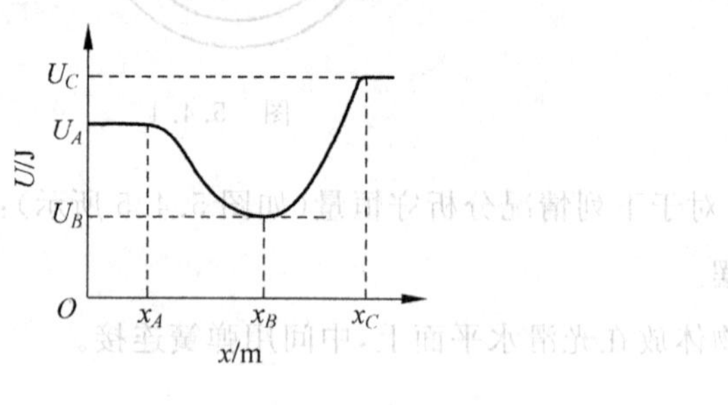

图 5.4.7

5.4.11 万有引力势能 $E_p=-\dfrac{GmM}{r}$ 推导过程用到 $E_p=\int_p^{\infty}-\dfrac{GMm}{r^2}\hat{\boldsymbol{r}}\cdot \mathrm{d}\boldsymbol{r}$ 这个式子，这只是对物体 m 做的功，还是包括对物体 M 做的功？势能是物体 m 的，还是和物体 M 合一起的？

3. 课堂完成作业

5.4.12 如图 5.4.8 所示，木块 1(质量 m_1)以速度 v_1 在平面上向右移动，木块 2(质量 m_2)以速度 v_2 向右移动，$v_2<v_1$。两个木块与平面之间是无摩擦的。一个劲度系数是 k 的弹簧固定在木块 2 上。两个木块碰撞后，弹簧最大被压缩了多少？

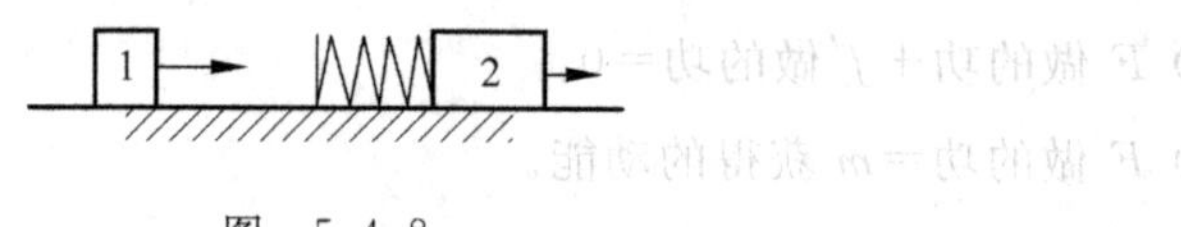

图 5.4.8

4. 提高题目

5.4.13 S'系是匀速运动的汽车参考系，S 是地面参考系。

(1) 挂在汽车天棚上的单摆，沿汽车运动方向摆动，如图 5.4.9 所示。在 S'系中摆球的机械能是否守恒？在 S 系呢？为什么？

(2) 一弹簧一端固联在墙上，另一端连一物体，在光滑的地面作振动，如图 5.4.10 所示。在 S'系中物体的机械能是否守恒？在 S 系呢？为什么？

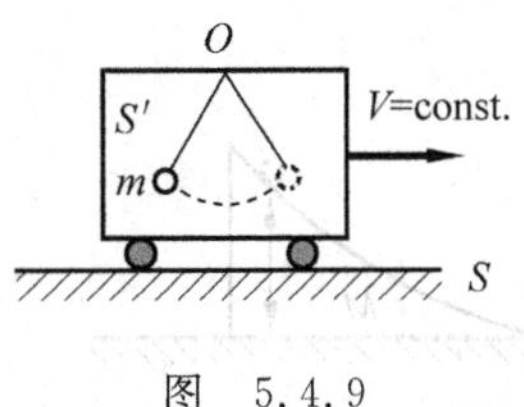

图 5.4.9

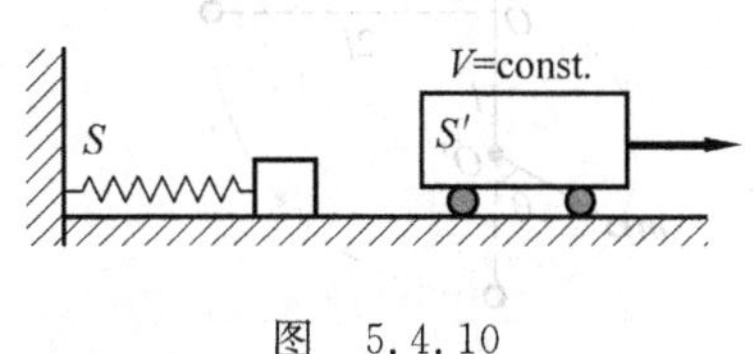

图 5.4.10

5.4.14 弹弓效应 卫星绕高速运行的行星半圈后，大致沿行星运动方向离开，会获得更高的速度，这就叫弹弓效应[7]。要想通过弹弓效应提速，卫星先前的速度 v 多大都可以吗？以什么角度接近行星比较好呢？

5.4.15 一内壁光滑的环状细管绕竖直轴均匀转动。管内小球自顶端无初速滑下，如图 5.4.11 所示。在圆环参考系中考虑小球的运动：

(1) 机械能是否守恒？

(2) 设小球到图示位置时（与竖直轴夹角 α）沿管壁的速度为 v'，如何利用功能原理计算 v'？

5.4.16 有时，我们可以观察到一个恒星的视线速度（可被观测）会随时间离我们或近或远地振荡。图 5.4.12 所示是武仙座 14 这颗恒星的视线速度随时间的变化。如何解释这个恒星的这种运动现象呢？这里周期代表什么？

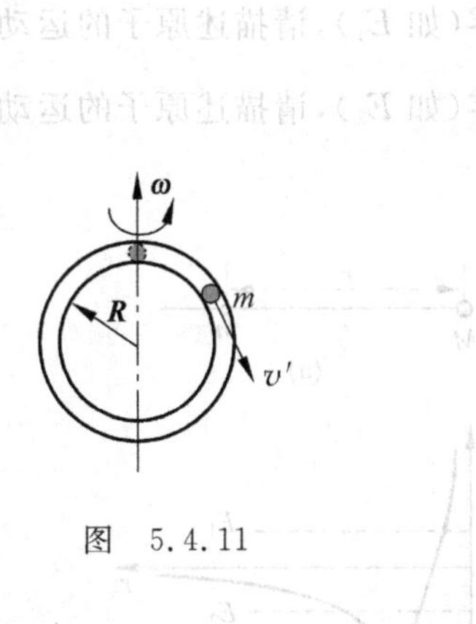

图 5.4.11

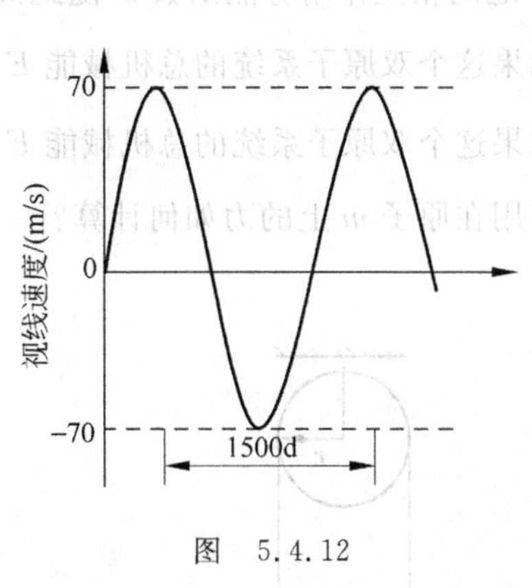

图 5.4.12

5.4.17 长为 $2l$ 的柔软细绳一端固定于天花板上的 O 点，另一端系一质量为 m 的小球。先使绳保持水平，小球静止，然后让小球自由下落。在 O 点下方 l 处有一颗钉子 O'，挡住绳的上半段，但小球继续摆动，如图 5.4.13 所示。小球是否可达到 O 点？为什么？

5.4.18 折合质量 如图 5.4.14 所示，在一个斜面和地面都光滑的系统中，小球质量为 m，斜面质量为 M，如何利用两体问题处理方法（采用约化质量）简单计算小球达到的高度 h？

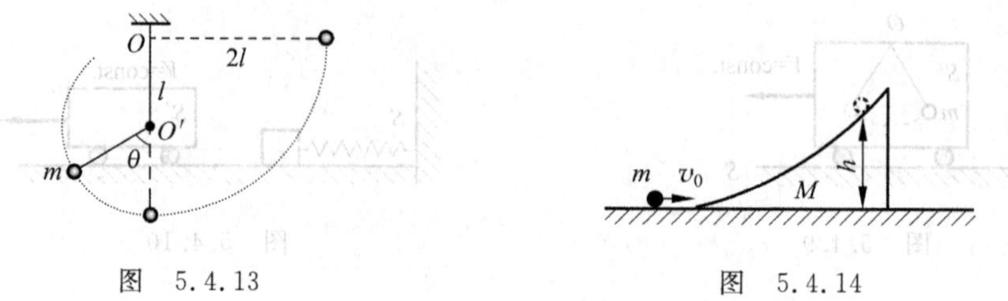

图　5.4.13　　　　图　5.4.14

5.4.19　轻绳跨过光滑滑轮，一端系升降亭，亭中人的质量为 m，绳的另一端系一重物与升降亭平衡，如图 5.4.15 所示。假设人在地面上跳时所能达到的最大高度为 h，若人在升降亭中消耗同样的能量上跳，上跳最大高度比在地面跳时是高还是低？如何具体计算？

5.4.20　一颗质量为 m_1 的人造地球卫星在地面上空 h 的圆形轨道上，以 v_1 的速度绕地球运动。今意外受到飞向地球的小陨石撞击，陨石质量 m_2，速度 v_2，方向指向地心，撞上后整个嵌入到卫星里面，问此后卫星轨道的角动量和机械能与原来的相比会有变化吗？为什么？

5.4.21　如图 5.4.16 所示，两个质量分别为 m、M 的原子相距 r（见图(a)）。图(b)画出了原子之间相互作用势能函数 U 随距离 r 的变化曲线。在质心系

(1) 如果这个双原子系统的总机械能 E 大于零(如 E_1)，请描述原子的运动。

(2) 如果这个双原子系统的总机械能 E 小于零(如 E_2)，请描述原子的运动。

(3) 作用在原子 m 上的力如何计算？

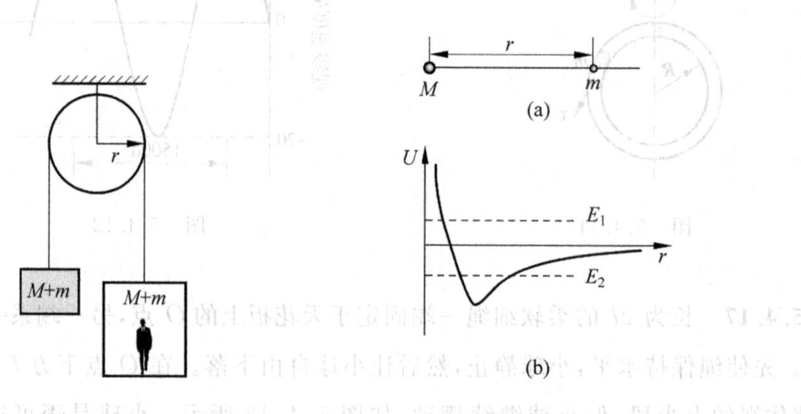

图　5.4.15　　　　图　5.4.16

5.4.22　质量为 M 的平板车静止在光滑地面上，车上有 N 个人，每人的质量均为 m，若每人消耗同样的体力(即每人做功相同)沿水平方向向后跳，怎样的跳法可使车得到最大的动能？

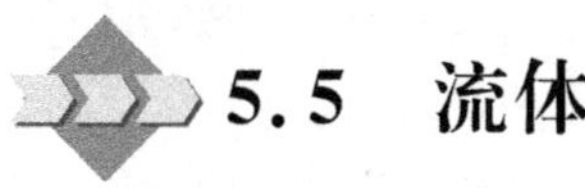

5.5 流体

1. 本节要点

流体是特殊的质点系模型。不考虑黏滞时,流体中不存在切向力。

对于理想流体稳定流动情形,沿着流管流速和截面乘积各处不变,vA=常量。

沿着流线$\frac{p}{\rho}+\frac{1}{2}v^2+U=\text{const.}$,称为伯努利方程。这个方程可以定性解释飞机升力。

流速为零,就成为静流体情形。

2. 基本题目

5.5.1 一个气泡随着流水在管中漂流,水管有个区域因沉积物部分地堵塞,如图5.5.1所示。当这个气泡流过这段狭窄区域时,( )。

A. 速度加快,压力减小　　B. 速度加快,压力增加

C. 速度不变,压力也没有变化　　D. 速度不变,但压力变化

E. 速度减小,压力增加　　F. 速度减小,压力减小

5.5.2 如图5.5.2所示,从小孔流出的水流速度?

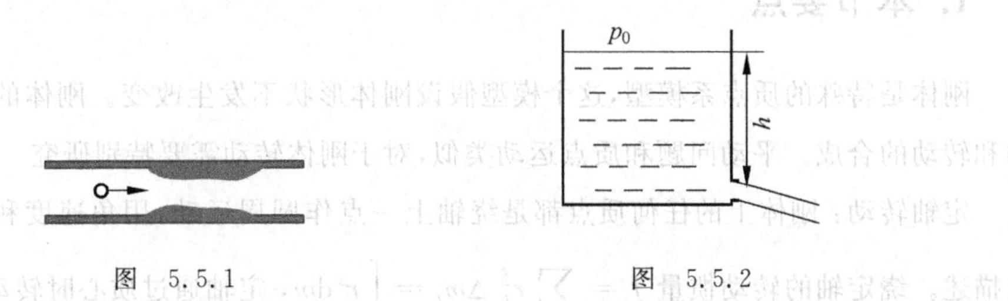

图 5.5.1　　图 5.5.2

5.5.3 如图5.5.3所示,请利用伯努利方程解释"香蕉球"现象。

5.5.4 速度等于零时,伯努利方程就等同于静流体的压强公式。利用这个结果,如果把地球当成流体,如何计算地球中心的压强?为什么在这个情况下地球当成流体是好的近似?

3. 提高题目

5.5.5 水桶下面漏了,水流到距桶底h处的地面上,几乎没有溅起来。当水桶中水

深度 h 时，如图 5.5.4 所示，漏水流量为 Q，此时，地面上水累积不多，水深可以忽略，则水对地面的压力是多少？

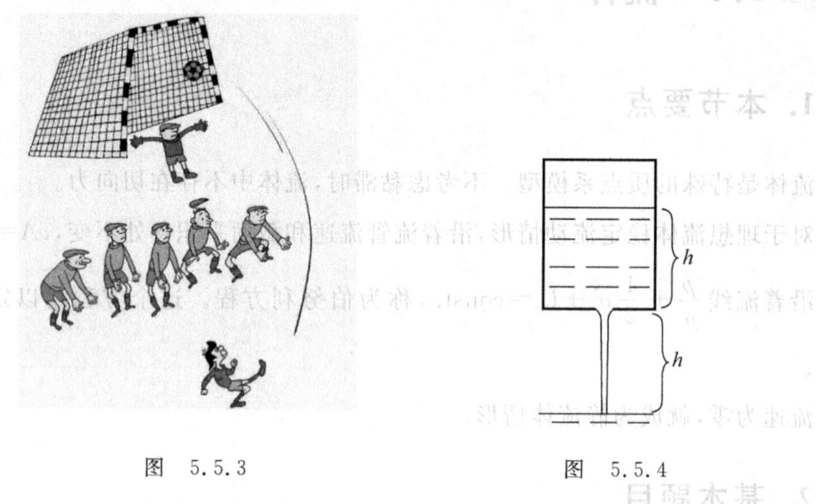

图　5.5.3　　　　图　5.5.4

5.5.6　水龙头放水时，假如开得不大，是一种稳定的流动。此时会观察到离水龙头一小段距离以后，水流的截面积大概是水龙头端口截面积的一半，为什么？

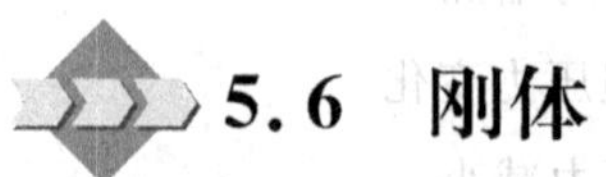

5.6　刚体

1. 本节要点

刚体是特殊的质点系模型，这个模型假设刚体形状不发生改变。刚体的运动就是平动和转动的合成。平动问题和质点运动类似，对于刚体转动需要特别研究。

定轴转动：刚体上的任何质点都是绕轴上一点作圆周运动，用角速度和角加速度可以描述。绕定轴的转动惯量 $J=\sum_i r_i^2\,\Delta m_i=\int r^2\,\mathrm{d}m$，定轴通过质心时转动惯量最小。

关于转动惯量有平行轴定理和垂直轴定理。

定轴转动物体的角动量等于转动惯量乘以角速度，$L=J\omega$。

转动定律：力矩等于转动惯量乘以角加速度，$M=J\alpha$，无外力矩时角动量守恒。

质点系功能原理和机械能守恒定律也适用，此时动能为 $\frac{1}{2}J\omega^2$，势能是相当于所有质量集中于刚体质心时的势能。

简单平面运动时，用两种方法。一种是对于瞬时轴（某瞬间其上质点速度都是零）运用转动定律。但此时需小心，须瞬时轴没有加速度，否则需要考虑惯性力矩。另一种是考虑质心平动，同时考虑相对质心的转动。相对质心的转动定律总是成立的，不需考虑惯性力矩。如果是平面刚体碰撞问题，由于内力矩不影响角动量，可以利用角动量守恒简化问题。

定点转动时，角动量和角速度方向经常不一致，此时会出现进动现象。例如快速转动的陀螺，由于重力矩会出现进动，重力矩近似等于角动量进动角速度与快速转动角动量之间的矢量积。

2. 基本题目

5.6.1 刚体绕一定轴作匀变速转动，刚体上任一点的加速度怎么计算？刚体上任意两点之间的速度和加速度如何表示？

5.6.2 如图 5.6.1 所示，球与匀质杆碰撞，角动量是否守恒？动量呢？当 x 取某个特殊值时，动量有可能守恒吗？为什么？

5.6.3 有个均匀木棒平放在光滑的水平面上，一子弹水平射入其中，如图 5.6.2 所示的(a)和(b)两种情况，哪种情况木棒获得的动能更大？

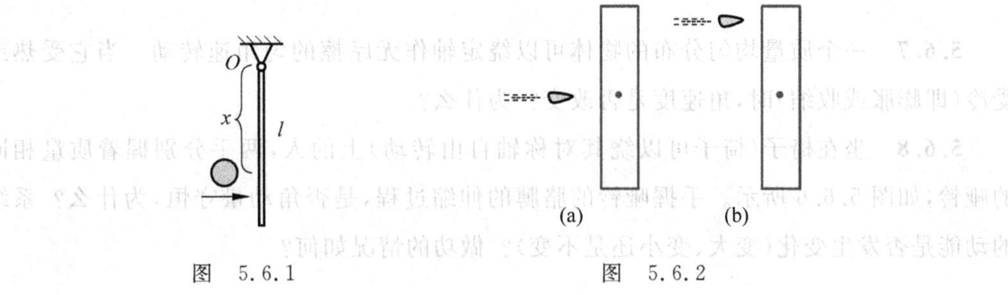

图 5.6.1　　图 5.6.2

5.6.4 如图 5.6.3 所示，两个同样重的小孩，各抓着跨过滑轮的绳的一端。起初都不动，然后右边的小孩抓着绳用力向上爬，左边的小孩只抓住绳但不爬动。忽略滑轮、绳的质量和轴的摩擦。设他们的起始高度相同，问哪个小孩先到达滑轮？如果滑轮比较重，摩擦不能忽略的情况又会怎样？为什么？

5.6.5 半径为 R、质量为 M 的均匀圆盘固连一长为 L、质量为 m 的均匀直棒，如图 5.6.4 所示。转轴是下面情况下，如何计算从竖直转到水平位置时的角速度。(1)过 O 点在纸面内的水平轴；(2)过 O 点垂直于纸面的轴。

5.6.6 滑轮上固定有可以伸展的金属叶片，如图 5.6.5 所示。叶片伸展前和伸展后，缠绕在滑轮上的物体哪个下落加速度大？物体从静止开始释放，下落同一个高度后，相对滑轮中心哪个角动量更大？

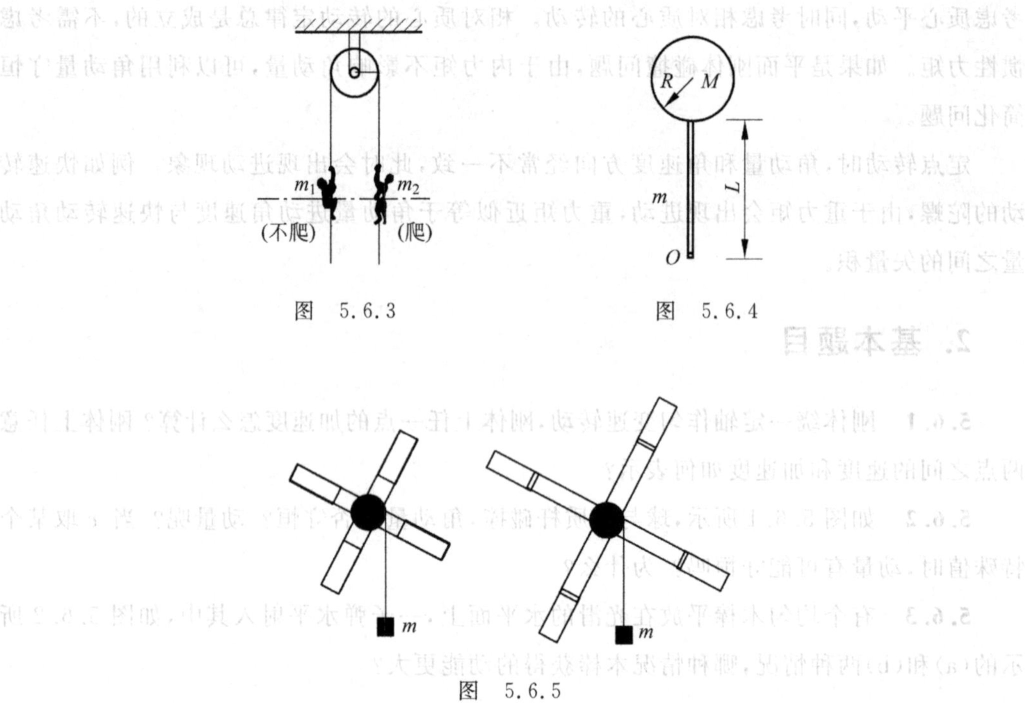

图 5.6.3

图 5.6.4

图 5.6.5

5.6.7 一个质量均匀分布的物体可以绕定轴作无摩擦的匀角速转动。当它受热或受冷(即膨胀或收缩)时,角速度是否改变?为什么?

5.6.8 坐在椅子(椅子可以绕其对称轴自由转动)上的人,两手分别握着质量相同的哑铃,如图 5.6.6 所示。手握哑铃的胳膊的伸缩过程,是否角动量守恒,为什么?系统的动能是否发生变化(变大、变小还是不变)?做功的情况如何?

图 5.6.6

3. 课堂完成作业

5.6.9 如图 5.6.7 所示,质量为 m 的黏土块以初速度 v_0 斜射在匀质圆盘的顶端 P 点,后与圆盘黏合。已知:圆盘半径为 R,质量为 $M=2m$,黏土块斜射时与水平方向的夹角为 $\theta=60°$,求:

(1) 碰撞后相对 O 点角速度；

(2) 碰撞过程轴 O 对盘 M 的冲量；

(3) P 转到与 x 轴重合时，圆盘的角速度和轴 O 对盘 M 的作用力 N。

4. 提高题目

5.6.10　匀质的球和圆柱体，在同一个斜面同一高度处从静止开始无滑动滚下。哪个先到达斜面的底部？假如它们质量相同，到达下面以后哪个转动动能更大？

5.6.11　铜圆柱体和铝圆柱体的质量都是均匀分布，同时开始沿斜面无滑动滚下。哪个圆柱体先到达斜面的底部？假如它们的质量相同，到达下面以后哪个相对其质心的角动量更大？

5.6.12　由一枪从下面竖直往上发射子弹打击一水平放置的木棒，如图 5.6.8 所示。第一次击中位置是质心，另一次是远偏离质心的位置。问：两次木棒上升的高度会不同吗？

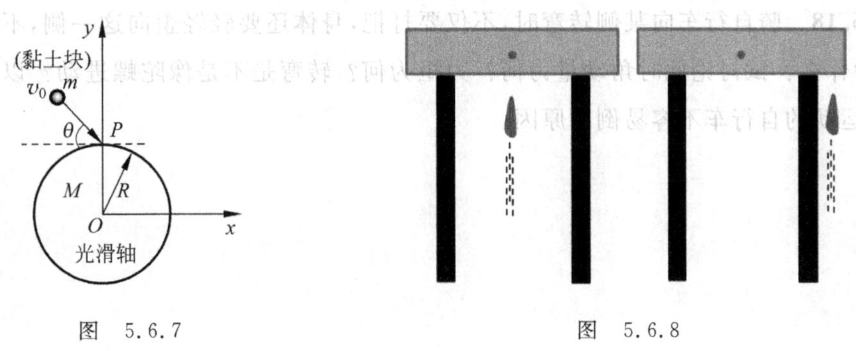

图　5.6.7　　　　图　5.6.8

5.6.13　一质量为 m 的匀质细棒系于两根细绳上，棒与水平方向的夹角为 θ，如图 5.6.9 所示。今 B 端细绳突然被剪断，计算那一时刻 A 端绳的张力 T。

5.6.14　如图 2.5.3 所示，长为 L 的均匀细杆水平放在桌面上，杆的质量为 m，质心离桌面边缘处距离为 b 时从静止下落。描述一下运动过程。假设摩擦系数 μ，什么角度时杆开始滑动？

5.6.15　一位投球手把一个半径为 R 的保龄球扔到了球道上。保龄球的初速度 v_0，开始没有初始角速度，保龄球和球道之间的动摩擦系数是 μ。保龄球什么时间开始纯滚动，此时的速度和角速度分别是多少？试分析过程。

5.6.16　一个密度均匀的轮子，质量为 m，半径为 R。轮子被牢牢地固定在一个质量为 M，半径是 r 的轮轴上(如图 5.6.10 所示，轮轴在中心，轮子套在轮轴上)。整个轮子轮轴结构关于其中心轴的转动惯量是 I。轮子最初静止在一个斜面顶端，斜面与水平面成 θ 角。轮轴搁在斜面的表面上，而轮子则伸进了表面的凹槽内，触不到表面。一旦被从静止释放，轮轴沿着表面纯滚动。这个轮子向下移动的加速度是多少？

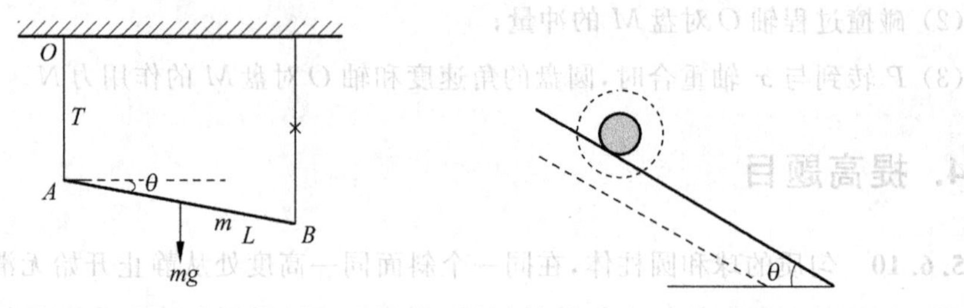

图 5.6.9　　　　图 5.6.10

5.6.17 在粗糙的水平面上放置一轮子，绳子缠绕在中轴（与轮子一体）上，轮子比转轴半径大，如图 2.5.1 所示。

(1) 向前拉绳子，轮子是向前移动还是向后移动？

(2) 快拉和慢拉绳，轮子转动方向是相同还是不同？为什么？

(3) 再看另一种情况，如果轮子比转轴半径小，如图 2.5.2 所示，又会是怎样的？

5.6.18 骑自行车向某侧转弯时，不仅要打把，身体还要轻轻歪向这一侧，不然容易倒地，为什么？试讨论此时角动量为何？力矩为何？转弯是不是像陀螺进动？以此为基础讨论运动的自行车不容易倒的原因。

第6章

狭义相对论

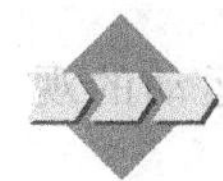

6.1 同时性的相对性及洛伦兹变换

1. 本节要点

狭义相对论两个基本原理：

(1) 一切物理规律在任何惯性系中形式相同；

(2) 光在真空中的速度与发射体的运动状态无关。

第一个原理其实与牛顿相对性原理很相似，只是把原来的力学规律推广成了这里的物理规律。

第二个原理就是所谓的光速不变原理，即，在任何惯性系真空中的光速大小都一样。这就与伽利略变换发生冲突。不仅如此，牛顿力学中，时间、长度及物体质量都与惯性系无关，而在狭义相对论中，因为光速与惯性系无关，导致时间、长度和质量都将随惯性系变化。

我们目前对时间的认识非常有限，而通常我们所知道的时间概念其实是基于同时性这个概念之上的。怎么理解不同惯性系上时间不同呢？关键是理解同时性的相对性。

某时刻爱因斯坦火车头和尾分别有两个观测点，现在中间点发出闪光，则火车参考系上看，应该是两个观测点同时收到信号。而在地面参考系上看，车尾观测点先收到信号，车头观测点后收到信号。火车上同时发生的事，在地面看就不是同时的，这就是同时性的相对性。这种相对性会引发一系列的效应，例如，运动时钟变慢。固有时(原时)最

短 $\tau=\Delta t/\gamma$，运动长度缩短 $l=l_0/\gamma$，原长（静长）最长，其中 $\gamma=1/\sqrt{1-\beta^2}$，$\beta=u/c$。

代替伽利略变换，狭义相对论惯性系之间的变换是洛伦兹变换：

正变换：	逆变换：
$x'=\gamma(x-c\beta t)$	$x=\gamma(x'+c\beta t')$
$y'=y$	$y=y'$
$z'=z$	$z=z'$
$t'=\gamma\left(t-\frac{\beta}{c}x\right)$	$t=\gamma\left(t'+\frac{\beta}{c}x'\right)$

过去时间空间是互相独立的概念，现在混为一谈了。过去在单纯的空间讨论质点位置随时间的变化，现在则是在时空中看质点的轨迹，称为时空图中的世界线。由于惯性系之间相对都是匀速运动，所以洛伦兹变换只能是线性形式。因为信号传播速度不可能超过真空中光速，所以因果律不会被破坏。

2. 基本题目

6.1.1 观测者甲测得同一地点发生的两个事件的时间间隔为 t，则相对甲运动的观测者乙看来，这两个事件的时间间隔（　　）。

A. 大于 t　　B. 小于 t　　C. 等于 t　　D. 不能确定

6.1.2 假设在一匀速运动的火车顶部有一前一后两个光源，同时向火车底部竖直向下发出两个光子，在火车参考系中，两光子显然同时到达底部。按相对论，在地面参考系中，从后面光源发出的光子到达底部这一事件应该先发生。但在垂直方向上没有发生长度的收缩，两光子相对于地面的速度也相同，这两事件的不同时性是如何产生的呢？

6.1.3 列车静长为 l_0，以速度 u 沿车身方向相对地面运动。若在车尾 B 处发一闪光，此闪光经车头 A 处的反射镜反射后回到车尾 B。设在地面参考系测量：闪光从 B 到车头 A 的时间为 Δt_1，从 A 返回车尾 B 所需的时间为 Δt_2。

(1) 有人认为，光向 A 运动，与车的相对速度为 $c-u$，返回 B 的过程，与车的相对速度为 $c+u$，所以

$$\Delta t_1=\frac{l_0}{c-u},\quad \Delta t_2=\frac{l_0}{c+u}$$

(2) 另有人认为，车长为运动长，应缩短；而光速不变。故有

$$\Delta t_1=\Delta t_2=l_0/(c\gamma)$$

哪种解法是正确的？若都不正确，应该怎么计算才正确？

6.1.4 火车以匀速运动，假设地面和火车这两个惯性系在 $t=0$ 时刻原点重合，原点处发出闪光。假如闪光装置是在火车上，则 t 时刻光波阵面（　　）。

A. 在火车观察是球面波，地面看不是球面波

B. 在火车和地面观察都是球面波，但地面看到球面波的球心在火车上的原点

C. 在火车和地面观察都是球面波，球面波的球心在各自的原点上

6.1.5 火车以匀速 v 运动，假设地面和火车这两个惯性系在 $t=0$ 时刻原点重合，原点处发出闪光。地面上看，在火车运动的前方和后方相同距离 L 处设置有反光镜，所以地面原点处观察到两束反射光同时到达。火车上原点处观察到(　　)。

A. 从前方反射的光提前$\frac{2L}{c}\frac{2v/c}{1-v^2/c^2}$到达

B. 两束反射光同时到达

C. 从前方反射的光提前$\frac{2L}{c}\frac{2v/c}{\sqrt{1-v^2/c^2}}$到达

6.1.6 远处太空站距离地球 L，有一艘宇航飞船以速度 v 刚刚向太空站起航。假如要从地球发送信息到太空站，是地球上发信息过去快呢，还是飞船上发更快呢？(　　)

A. 地球上发更快

B. 飞船上发更快

C. 一样快

6.1.7 宇宙飞船相对于地面以速度 v 作匀速直线飞行。某时刻飞船头部的宇航员向尾部发出一个光信号，经过 t 时间后，收到从尾部反射回的信号。则此飞船的固有长度为(　　)。

A. $ct/2\gamma^2$　　B. $ct/2$　　C. $ct\gamma/2$　　D. $ct/2\gamma$

6.1.8 如图 6.1.1 所示，列车上有两钟，相距为 L，列车以速度 u 前进。现在 A'和 B'同时向站台打出子弹，刚好分别打中站台上靠近处的两钟 A 和 B。站台上两钟 A 和 B 因此而被打坏停止。问 A 和 B 钟的示数差 t_B-t_A？A 和 B 两钟相距多少？若在 t_B 时刻从站台 A 和 B 两钟处，同时向车上打子弹，A'和 B'会被击中吗？此时 A'经过了 A 还是未到达 A？

6.1.9 如图 6.1.2 所示，两惯性系 S、S'，S'相对 S 以速度 u 运动。

(1) S 中观察者：A 和 A'相遇时它们均指零，B 也指零。S'中观察者有什么看法，请画出相应的图示。

(2) S 中观察者看到，当 A'和 B 相遇时，B 指示数比 A'大，故他得出“运动时钟变慢”的结论。此时，S'中观察者会怎么看？他怎么发现时钟 B 比 A'慢呢？请画出相应的图示。

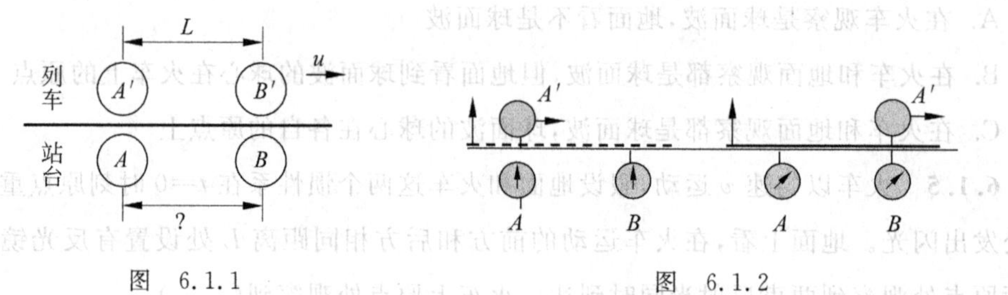

图 6.1.1　　　　图 6.1.2

3. 课堂完成作业

6.1.10 一列车静长为20m，山洞静长为11m，车速为 $c\sqrt{3}/2$。在地面观测，车头到达洞出口时，一闪电击中洞入口。试回答：

(1) 闪电能在车尾留下痕迹吗？

(2) 列车参考系对此如何解释？由计算验证之。

4. 提高题目

6.1.11 墙上有一条缝，缝宽 L，有一根静止长度也是 L 的杆，沿着墙的速度分量为 u（u 很大），垂直墙的分量的速度为 v，如图6.1.3所示。地面看杆能穿过缝容易理解，而在杆的参考系如何理解？

6.1.12 OO'重合时，在 O'系发现在 l'远处有一导弹以 v'匀速运动，立即由 O'点向导弹发射一束激光，如图6.1.4所示。

(1) 在 O 系观察，从发射激光起，激光何时何地击中导弹？

(2) 在 O 系观察，导弹运动的距离是多少？

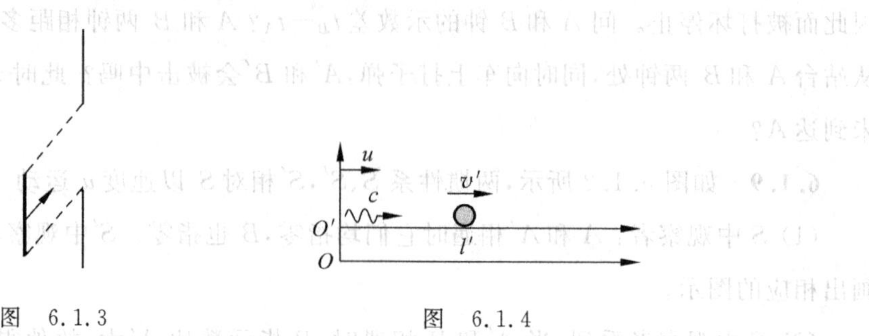

图 6.1.3　　　　图 6.1.4

6.1.13 如图6.1.5所示。两惯性系 S、S'，S'相对 S 以速度 $u=0.8c$ 运动。它们各自有两个自己的同步钟 A、B 和 A'、B'。S 中测量：A、B'相遇时，A、B'均指零；A、A'相遇时，A 指 1：00，且此时 B、B'恰好也相遇。

问：(1) A、A'相遇时，A'的指示；

(2) B 与 B' 相遇时,此两钟指示。

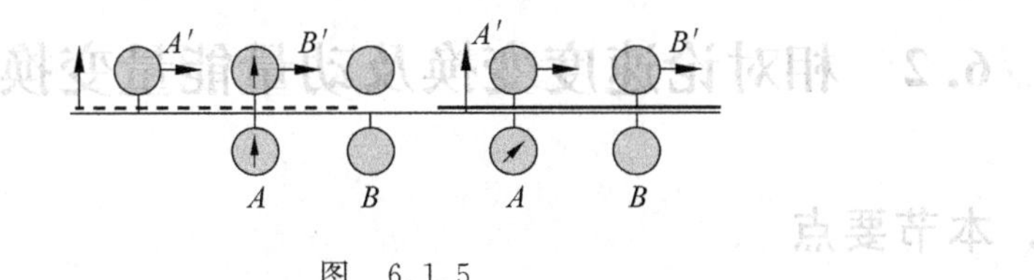

图 6.1.5

6.1.14 有对双胞胎,一位作为宇航员乘飞船到某个天体办事后立刻返回,另一位则留在地球,如图 6.1.6 所示。假设地球和天体相对速度相比飞船速度可以忽略,则旅行结束后,双胞胎在地球相遇时各经历了多少时间?

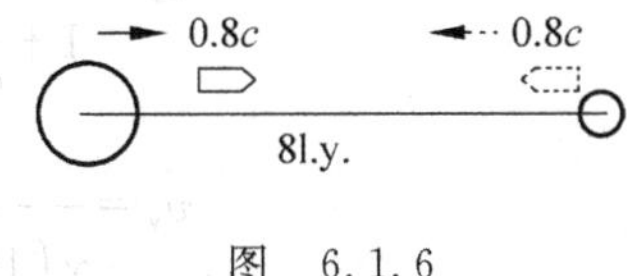

图 6.1.6

6.1.15 贾先生有辆豪车,其静长度 $L_c=30.5\text{m}$。汽车修理工徐师傅有个车库,纵深静长度 $L_g=6.00\text{m}$,车库前门敞开,后门关闭。徐师傅和贾先生都是狭义相对论的爱好者,合作做实验。贾先生开车以 $0.998c$ 的速度径直进入车库,徐师傅站在车库前门旁,准备一旦汽车尾部进入里面就关前门。在徐师傅看来:关门瞬间,汽车撞到后门了吗?假如没有撞上,汽车将困在车库里多久?假如撞上了,那么关门前多长时间撞上的?在贾先生看来又如何?互相矛盾吗?

6.1.16 有时可以观察到“奇怪”现象。从一个星系有时能射出一团电离气体,这团气体高速匀速行驶。这团气体不定时地会光猝发,发射出来的光最终会在地球上探测到。假设有两次光猝发,地球上探测到它们的时间间隔 T,而这两次光猝发之间这团气体运行的视距 D(地球上的观测者探测到的两次发光位置视间距)。那么这团气体的视速度就是 $V=D/T$。观测结果显示 V 大于 c,是不是违背狭义相对论?应该怎么解释才合理?

6.1.17 根据广义相对论等效原理,一个做自由落体的电梯参考系是惯性系。假设电梯从远离引力场处开始自由下落,电梯带来了远处的钟和尺。在引力场中某处刚刚自由下落的另一个电梯是当地的局域惯性系。局域惯性系的钟和尺就是当地引力场中的钟和尺。实际是用一系列来自远处的惯性系的钟校对局惯系的钟。你能利用洛伦兹变换,比较无限远处的和当地引力场的钟和尺吗?在局域惯性系光速还是 c,但如果在无限远处观察引力场中的光速,它有变化吗?是慢了还是快了?

6.2 相对论速度变换及动量能量变换

1. 本节要点

质点的相对论速度定义为$\boldsymbol{v}=\frac{\mathrm{d}\boldsymbol{r}}{\mathrm{d}t},\boldsymbol{v}'=\frac{\mathrm{d}\boldsymbol{r}'}{\mathrm{d}t}$,它们的变换公式如下。

正变换：

$$v_x'=\frac{v_x-u}{1-\frac{u}{c^2}v_x}$$

$$v_y'=\frac{v_y}{\gamma\left(1-\frac{u}{c^2}v_x\right)}$$

$$v_z'=\frac{v_z}{\gamma\left(1-\frac{u}{c^2}v_x\right)}$$

逆变换：

$$v_x=\frac{v_x'+u}{1+\frac{u}{c^2}v_x'}$$

$$v_y=\frac{v_y'}{\gamma\left(1+\frac{u}{c^2}v_x'\right)}$$

$$v_z=\frac{v_z'}{\gamma\left(1+\frac{u}{c^2}v_x'\right)}$$

这个变换式子是由洛伦兹变换推导出来的,所以不会出现在某个参考系质点速度超过真空中光速的情形。

相对论质量 $m=\gamma m_0$

相对论动量 $\boldsymbol{p}=m\boldsymbol{v}$

相对论能量 $E=mc^2$

动能 $E_k=mc^2-m_0c^2$

能量动量关系 $E^2=p^2c^2+m_0^2c^4$

容易看出$\frac{E^2}{c^2}-p^2=m_0^2c^2=\frac{E'^2}{c^2}-p'^2$ 是洛伦兹变换不变量。

与时空不变量 $c^2t^2-r^2$ 做类比,有对应关系$\frac{E}{c}\Leftrightarrow ct,\boldsymbol{p}\Leftrightarrow\boldsymbol{r}$

由此看出动量能量也满足洛伦兹变换：

正变换：

$p_x'=\gamma(p_x-\beta E/c)$

$p_y'=p_y$

$p_z'=p_z$

$E'/c=\gamma(E/c-\beta p_x)$

逆变换：

$p_x=\gamma(p_x'+\beta E'/c)$

$p_y=p_y'$

$p_z=p_z'$

$E/c=\gamma(E'/c+\beta p_x')$

牛顿第二定律的形式为 $\boldsymbol{F}=\frac{\mathrm{d}\boldsymbol{p}}{\mathrm{d}t}$，换个惯性系形式不变，则为 $\boldsymbol{F}'=\frac{\mathrm{d}\boldsymbol{p}'}{\mathrm{d}t'}$。

根据动量能量的洛伦兹变换关系以及时空的洛伦兹变换关系，容易推导出力的相对论变换公式。容易推得，力对质点的做功功率等于其能量的变化率 $\frac{\mathrm{d}E}{\mathrm{d}t}=\boldsymbol{v}\cdot\boldsymbol{F}$。

2. 基本题目

6.2.1 在折射率为 n 的静止连续介质中，光速 $u=c/n$。当水管中的水以速度 v 流动时，在地面看，沿着水流方向的光传播速度为(　　)。

A. $v+c/n$　　B. $(v+c)/n$　　C. $\frac{c}{n}\frac{1}{1-v^2/c^2}$　　D. $\frac{c}{n}(1-v^2/c^2)$

E. $\frac{c}{n}\frac{1+nv/c}{1+v/nc}$　　F. $\frac{c}{n}\frac{1-nv/c}{1-v/nc}$

6.2.2 两个惯性系 S_1 和 S_2，其中 S_2 相对 S_1 以速度 u 沿 $+x$ 方向运动。已知一细棒与 x 轴平行，在 S_1 系中测量，细棒以速度 $v_1(\neq u)$ 沿 $+x$ 方向运动，长度为 l_1，若在 S_2 系中测量细棒长为 l_2，若要比较两测量长度，你将如何回答？

6.2.3 **光行差** 地球以速度 v 运动，在垂直于地球绕太阳运动的平面上方很远处有一个恒星。问在地球观察，恒星如何运动？

6.2.4 粒子静止质量 m，动能 E_k，则粒子能量、动量和速度各为多少？

6.2.5 列车以 u 前进，向站台打出子弹(与火车前进方向成 θ 角度，子弹质量 m，速度 v)。在地面看，子弹的动量为多少？

3. 课堂完成作业

6.2.6 如图 6.2.1 所示，地面观测：飞船以速度 0.6c 向东，不明飞行物以速度 0.8c 向西，相向而行。发现时它们将在 5s 后相撞。

(1) 地面测量，发现时它们相距多远？

(2) 从飞船参考系，不明飞行物的速度是多大？

(3) 飞船中飞行员有多长时间采取措施，避免相撞？

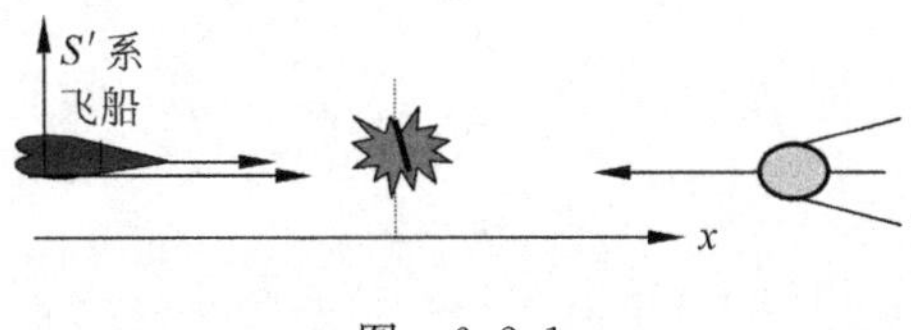

图 6.2.1

4. 提高题目

6.2.7 假设有两个粒子 A 和 B 碰撞反应，则总能量 $E=E_A+E_B$ 和总动量 $\boldsymbol{p}=\boldsymbol{p}_A+\boldsymbol{p}_B$。$\frac{E^2}{c^2}-p^2$ 是不是洛伦兹变换不变量？为什么？

6.2.8 一个动能为 E_α 的 α 粒子与一个初始静止的 ^{14}N 原子核相撞，碰撞后形成了一个 ^{17}O 原子核和一个质子。质子射出的角度与 α 粒子入射角差 90°，动能 E_p。这些粒子的质量分别为：α 粒子 4.00260u；^{14}N，14.00307u；质子，1.007825u；^{17}O，16.99914u。用 MeV 做能量单位，请问：

(1) ^{17}O 原子核的动量是多少？

(2) 反应前后质心速度有无变化？

(3) 这个反应的资用能是多少？

(4) 质心系中 ^{17}O 原子核的动量是多少？

6.2.9 相对论能量 $E=mc^2$，这里与质量对应的能量究竟是什么能量？我们怎样才可以利用这个能量？

6.2.10 放热或吸热的化学反应 $A+B=C+Q$，其中 A、B 和 C 是分子。这里化学反应热 Q 可不可以认为是反应前后质量变化转换出来的？

6.2.11 一带电粒子在静磁场中运动(相对实验室系)。在某一瞬间，相对粒子静止的惯性参考系中的观察者看来，带电粒子受力多少？这个力是什么力？

第7章

振动与波动

7.1 简谐振动

1. 本节要点

质点受弹簧恢复力 $F=-kx$，势函数为 $U=\frac{1}{2}kx^2$。

将满足动力学方程 $\ddot{x}+\omega^2 x=0$。

其通解为 $x=A\cos(\omega t+\varphi)$，振幅 A 和初相 φ 由初始条件决定。

任何其他物理量 S 如果满足 $\ddot{S}+\omega^2 S=0$，我们称 S 作简谐振动。

通常的微小振动都是简谐振动。

作简谐振动时，能量守恒。例如弹簧振子，动能和势能互相转化，但总能量不变。

若考虑损耗，振动方程变为 $\ddot{x}+2\beta\dot{x}+\omega_0^2 x=0$，称为阻尼振动。有欠阻尼、临界阻尼和过阻尼三种情形。欠阻尼振动仍然是准振动，振幅随时间衰减，而频率比固有频率 ω_0 略有不同。

若考虑外界驱动力(简谐变化力)，振动方程变为非齐次形式 $\ddot{x}+2\beta\dot{x}+\omega_0^2 x=h\cos\omega t$，称为受迫振动。受迫振动暂态解随时间指数衰减，而稳态解则是随着驱动力的频率作简谐振动。

$$x=A\cos(\omega t+\varphi)$$

$$A=\frac{h}{\sqrt{(\omega^2+2\beta^2-\omega_0^2)^2+4\beta^2(\omega_0^2-\beta^2)}},\quad \tan\varphi=\frac{2\beta\omega}{\omega^2-\omega_0^2}$$

对于阻尼不太大情形，当驱动力频率接近固有频率 ω_0 时发生共振，此时振动振幅最大。

品质因数 Q 值：阻尼振动的特征时间 $\tau=\frac{1}{2\beta}$，这个时间内的振动次数乘以 2π，则

$$Q=2\pi\frac{\tau}{T}=\frac{\omega}{2\beta}$$

也可以计算能量损耗，由此得到

$$\text{品质因数}=2\pi\times\frac{\text{储存能量}}{\text{一个周期损耗能量}}$$

对于阻尼不太大情形，在共振点附近，振动能量下降到最大值的一半时，频率宽度称为半宽度，此时

$$\frac{1}{Q}=\frac{\Delta\omega}{\omega_0}$$

两个同振动方向同振动频率的简谐振动合成，可以在相量图 7.1.1 中利用矢量合成方法计算。如：

$$x_1=A_1\cos(\omega t+\varphi_1)$$

$$x_2=A_2\cos(\omega t+\varphi_2)$$

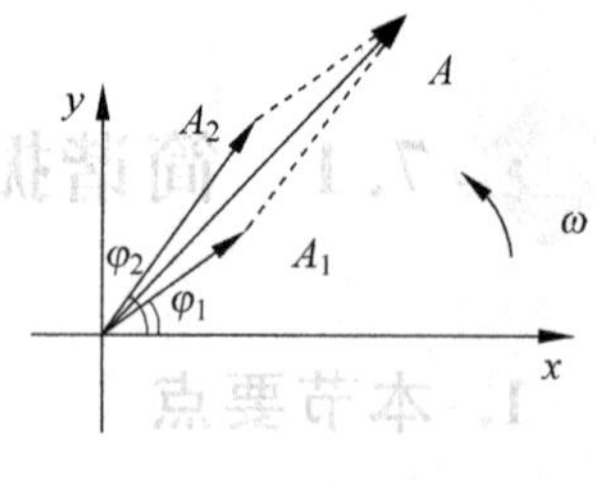

图 7.1.1

这个求和也可以利用三角函数公式直接求和，结果仍为简谐振动。

多个频率相同的简谐振动叠加，同样可以在相量图中计算。

两个同振动方向，频率略微有差异的振动合成结果，出现拍现象，拍频是两个频率差。

任何周期振动都可以是一系列不同频率的简谐振动的叠加。周期倒数是基频，而一系列不同频率都是基频的倍频。把每个频率振动幅度按频率画出来，就是频谱图。周期振动的频谱图是一系列分立的线。不是周期振动时，频谱图是连续曲线。

振动方向互相垂直的两个简谐振动合成时，

(1) 如果频率相同，且初相相同或相差 π，则合成一个简谐振动，振动方向由两个振动振幅决定。

(2) 如果频率相同，但初相差不是零或 π，则通常合成为椭圆振动（振动轨迹为椭圆）。

(3) 如果频率相同，振幅相同，且初相差为 $\pi/2$ 或 $3\pi/2$ 则为圆振动。

(4) 如果频率不同，但是成整数比，则振动轨迹是李萨茹图。通常分母和分子整数越

小,闭合曲线越简单。

位移和速度作为坐标轴,振动轨迹称为相图。

* 非线性振动(一般振幅比较大)在一些初始条件下(一般是能量比较大),方程解不稳定,具有初值敏感性,称为混沌。出现混沌时,运动不可预知。

2. 基本题目

7.1.1 一个人在荡秋千。当这个人坐在秋千上不动与站在秋千上不动时,秋千前后摆动的频率会有变化吗?为什么?

7.1.2 一个物体悬挂在弹簧一端(另一端固定)上下振动与系统横放在光滑水平面上来回振动的周期会不同吗?为什么?对于上下振动情况,向上的最大位移相比向下的最大位移会不同吗?

7.1.3 小幅振动的单摆的平均动能和平均势能如何计算?平均动量和平均角动量又如何?

7.1.4 将单摆小幅拉到与竖直夹角为 ϕ 后,放手任其摆动,则 ϕ 是否就是谐振动的初相位?为什么?单摆的角速度是否是谐振动的圆频率?

7.1.5 已知一简谐振动的表达式为 $x=0.002\cos(8\pi t+\pi/4)$(SI),求圆频率 ω,频率 ν,周期 T,振幅 A 和初位相 ϕ。并画出:(1)振幅矢量图;(2)振动曲线。

7.1.6 如图 7.1.2(a)所示,把一劲度系数为 k 的轻质弹簧的一端固定,另一端系在质量为 m 的匀质圆柱体的对称轴上,圆柱体可绕对称轴自由转动。今沿弹簧长度方向拉开圆柱体然后释放,让圆柱体在粗糙的水平面上作无滑动滚动。比起物体在光滑面上的情况,振动频率会有不同吗?当弹簧和圆柱体放在斜面上,如图 7.1.2(b)所示,情况又如何?

7.1.7 两个同频率互相垂直的谐振动 $x=A_1\cos(\omega t+\phi_1)$,$y=A_2\cos(\omega t+\phi_2)$,试讨论当 A_1,A_2 的关系($A_1\neq0$,$A_2\neq0$)以及($\phi_2-\phi_1$)的取值范围怎样时,其合振动的轨迹可能出现直线段、圆、椭圆、长短轴与 x、y 轴重合的椭圆、右旋和左旋圆或椭圆?

7.1.8 如何判断李萨茹图形的频率之比?以图 7.1.3 为例讨论。

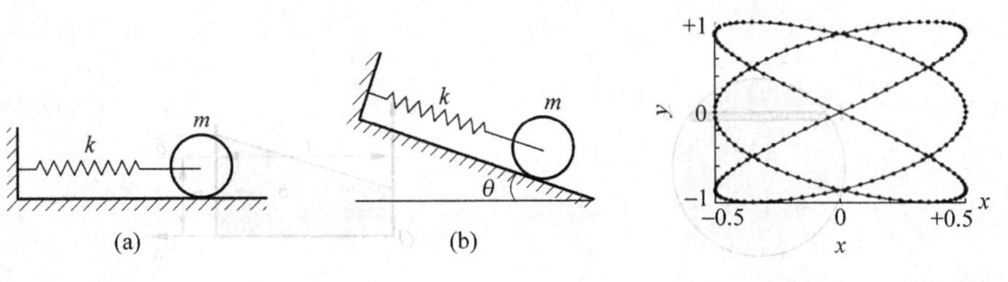

图 7.1.2　　图 7.1.3

7.1.9 一个体型大的成年人静坐在秋千上来回摆动，时间长了会停下来。当摆动未停止时，频率随时间会变化吗？换一个瘦小的孩子坐上面的话，摆动频率会有不同吗？两种情况，哪个品质因数 Q 值大些？

3. 课堂完成作业

7.1.10 横截面均匀的光滑 U 形管中有适量液体如图 7.1.4 所示，液体的总长度为 L，求液面上下微小起伏的自由振动频率。[8]

4. 提高题目

7.1.11 有一个质量分布均匀的薄板，质量为 m，一水平轴可以垂直纸面穿过薄板上一点，薄板绕轴可以像钟摆一样自由摆动。图 7.1.5 显示了一个可能的轴的位置，距离质心 r。

(1) 对应 r 值变化，振动频率是否有极大值？

(2) 绕着中心有一圈点，它们有相同的极大值频率。这一圈点连成什么形状？

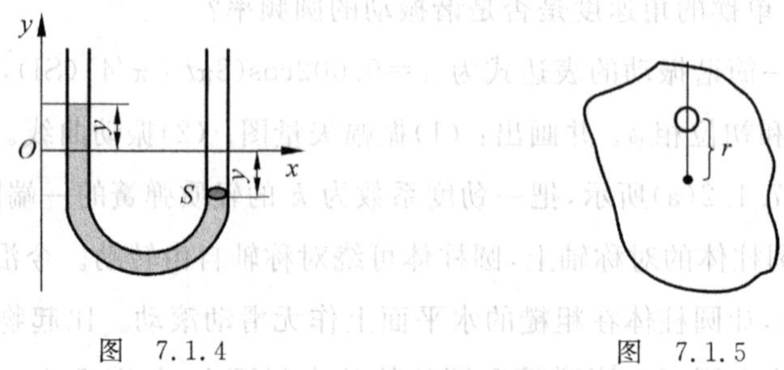

图 7.1.4　　图 7.1.5

7.1.12 未来也许会产生穿过地球的隧道以缓解交通拥堵。A 城市到 B 城市沿弦线建造一个铁路隧道，如图 7.1.6 所示。不用任何发动机，火车就可以在这隧道的前半段掉下去，然后再在第二段升起来。假设地球是一个均匀的球体，忽略空气阻力和摩擦力，则这两个城市之间的火车运行时间与它们之间的远近有关吗？如何计算运行时间？

7.1.13 如图 7.1.7 所示，长方形的水盆中，以什么频率摇晃水盆，水的晃动最严重？

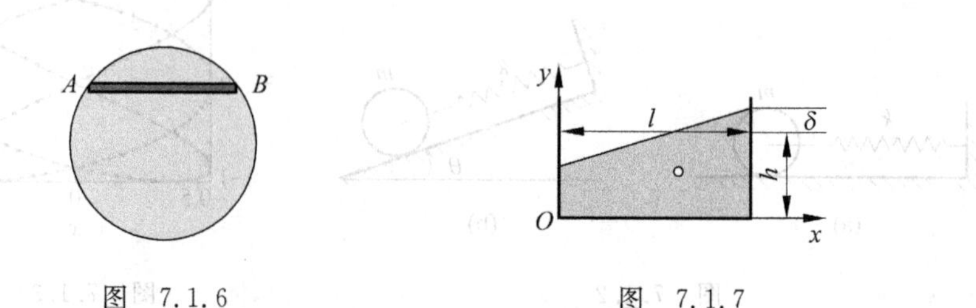

图 7.1.6　　图 7.1.7

7.1.14　一个小汽车载着乘客，行驶过一段高低不平的起伏路。若某段高低不平的间隔基本差不多，周期长度 l，则汽车颠簸的程度，是不是车速越快越厉害？

7.1.15　小车上有一个单摆小球，小车从倾角为 θ 的斜面溜下，如图 7.1.8 所示。小车质量为 M，小球质量为 m，两个质量相差不太大。试讨论小球的简谐振动频率如何计算？

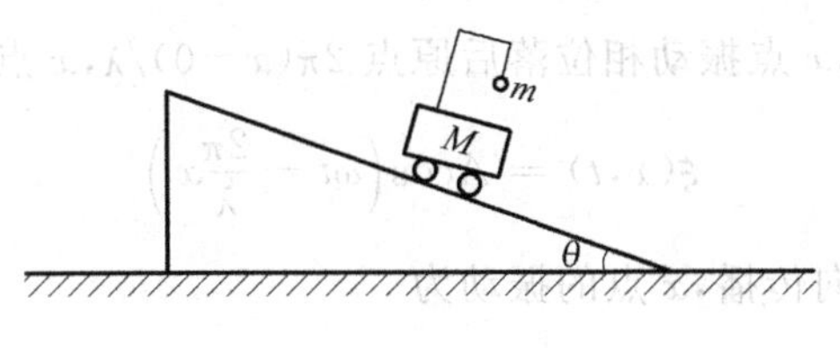

图　7.1.8

7.1.16　两个气体分子之间的相互作用势能可以近似地表示为伦纳德-琼斯势：

$$E_p(r) = -E_{p0}\left(2\left(\frac{r_0}{r}\right)^6 - \left(\frac{r_0}{r}\right)^{12}\right)$$

式中，r 是分子间的距离，r_0 是分子间的平衡距离，E_{p0} 是正的常量。势能曲线如图 7.1.9 所示。设两个分子的质量分别为 m_1 和 m_2，如何计算气体分子在平衡距离附近微振动的角频率 ω？

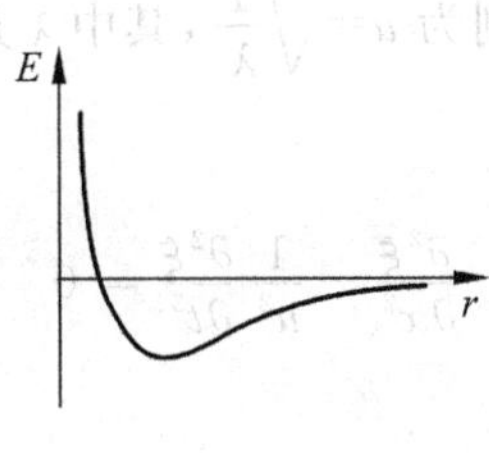

图　7.1.9

7.1.17　方波的周期是给定的一个值，那么它的频率是单一的吗？为什么？

7.2　行波

1. 本节要点

波是振动的传播。根据振动方向分为横波和纵波。相位相同的点组成波面，最前面的波面叫波阵面。描述波的基本量之间关系式为 $u=\lambda f$。波长倒数叫波数，乘以 2π 后叫角波数 k，与波速和角频率之间的关系为 $u=\omega/k$。如果把波传播方向规定为角波数 k 的方向，则角波数也叫波矢 $\boldsymbol{k}$。这里波速是指相位传播的速度，也叫相速度。

一维行波的波函数形式为$\xi(x,t)=f\left(t\pm\dfrac{x}{u}\right)$，其中符号取正表示沿$-x$方向传播，符号取负表示沿$+x$方向传播。

简谐波是简谐振动的传播，其波函数为$\xi(x,t)=A\cos\omega\left(t\pm\dfrac{x}{u}\right)$，初相设为零。

从另一个角度，x点的振动是从原点传过去的，原点振动方程为$\xi(0,t)=A\cos\omega t$，对于沿$+x$方向传播的波，x点振动相位落后原点$2\pi(x-0)/\lambda$，x点的振动为

$$\xi(x,t)=A\cos\left(\omega t-\frac{2\pi}{\lambda}x\right)$$

而如果是沿$-x$方向传播，x点的振动为

$$\xi(x,t)=A\cos\left(\omega t+\frac{2\pi}{\lambda}x\right)$$

对于线性机械波，频率由波源的振动频率决定，波速只与媒质的性质有关，为

$$u=\sqrt{\frac{K}{\rho}}$$

其中，ρ是密度。K若是杨氏模量，则对应固体中纵波；K若是切变模量，则对应固体中横波；K若是体变模量，则对应流体(气体或液体)中纵波。

张力一定的细绳上横波波速则为$u=\sqrt{\dfrac{T}{\lambda}}$，其中$\lambda$是线密度，$T$是张力。

波动方程

$$\frac{\partial^2\xi}{\partial x^2}-\frac{1}{u^2}\frac{\partial^2\xi}{\partial t^2}=0$$

推广到三维则是

$$\nabla^2\xi-\frac{1}{u^2}\frac{\partial^2\xi}{\partial t^2}=0$$

机械波的能量分为动能和势能。波传播过程，质元的动能和势能同相变化，且相等。简谐波的动能密度和势能密度总相等，总能密度为

$$w=\rho\omega^2A^2\sin^2\omega\left(t-\frac{x}{u}\right)$$

单位时间沿波传播方向通过单位面积的波能量称为能流密度，能流密度的平均值称为波的强度，有

$$I=\bar{w}u=\frac{1}{2}\rho\omega^2A^2u$$

媒质的“特性阻抗”$z=\rho u$，相对而言，这个阻抗大的媒质称为波密媒质，阻抗小的媒质称为波疏媒质。波的强度也可以写成

$$I=\frac{1}{2}z\omega^2A^2$$

假如媒质没有能量吸收，容易看出球面波振幅按距离分之一减小，平面波振幅则不变。但通常媒质波总有吸收，因而即使平面波，由于吸收损耗，波的振幅会呈指数衰减。通常频率越高，波的吸收系数越大，波衰减越快。

波在界面上有透射和反射，根据能量守恒，透射率与反射率的和为 1。如果从波疏媒质到波密媒质垂直入射，相位有 π 跃变，对应于波程，习惯称为“半波损失”，从波密媒质到波疏媒质则没有。如果是斜入射则情况比较复杂。

声波是一种弹性波，人耳听觉大致在 20～20000Hz 的频率范围，频率高过这个范围称为超声波，低于这个范围称为次声波。次声波可以传播很远，地震波的低频甚至可以绕地球好几圈。超声波在空气中很快衰减，但在水中可以传播很远，可以用来监听水下信号。在空气或液体中声波是纵波，可以认为是质元振动，也可以认为是压强振动。简谐声波的声压振动和质元振动相位相差 $\pi/2$。根据人耳对声音的平均听觉（通过对大量人群的测试数据平均），人为规定在 1000Hz 的声强 $10^{-12}\,\mathrm{W/m^2}$ 为听觉极限，是 0 声强级。其他声强以此为标准，定义声强级

$$L = \lg\frac{I}{I_0}(\mathrm{Bel}) = 10\lg\frac{I}{I_0}(\mathrm{dB})$$

人正常说话时声强大致为 60dB，炮声声强大致为 120dB。

声音的音调是由频率决定的，而音质或音色取决于混入了多少谐频，这是由波形决定的。

当物体在媒质中移动速度超过声速时，会产生冲击波，其波阵面是锥形，半角 $\sin\alpha=\frac{1}{M}$，其中 M 是马赫数，$M=\frac{v_s}{u}$。超声速飞机就会产生这样的冲击波。

2. 基本题目

7.2.1 一沿 x 轴负向传播的平面简谐波在 $t=0$ 时的波形曲线如图 7.2.1 所示，画出 $x=2.0$ 处的振动曲线，并写出表达式。由该图形能判断是横波还是纵波吗？

7.2.2 某时刻沿正向传播的波形曲线如图 7.2.2 所示，请画出 P 点振动曲线。

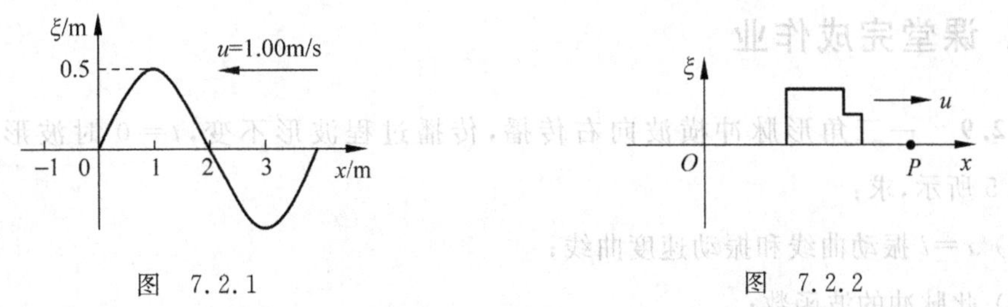

图 7.2.1　　图 7.2.2

7.2.3 我们给一个弹簧的左端 P 点一个扰动，如图 7.2.3 所示，就是迅速地先右移

后左移回到原位,然后固定,由此发出一个沿着长弹簧的波。将某个时刻的大致波形图画一下。

图 7.2.3

7.2.4 一列波长为 λ 的平面简谐波沿 x 轴正方向传播,已知在 $x=-\lambda$ 处振动表达式为 $\xi=A\sin\omega t$。

(1) 如何求该平面简谐波的波函数;

(2) 若在波线上 $x=L$ 处放一反射面,$\rho_1 v_1<\rho_2 v_2$,且反射波的振幅为 A',如何求反射波的波函数(见图 7.2.4)。

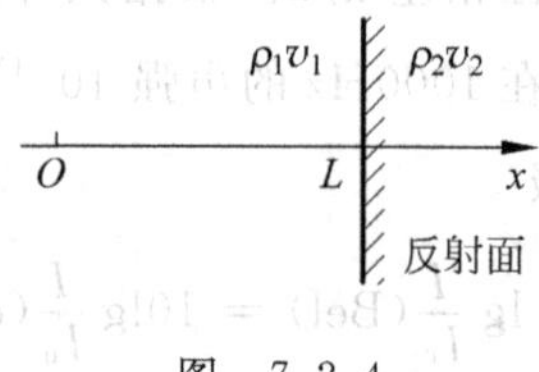

图 7.2.4

7.2.5 声音从空气可以传入水中,在水里声速远大于在空气中的声速。当声波从空气入射到水里时,频率和波长会发生变化吗?

7.2.6 两根绳子材料相同,但一根粗一根细,截面积比是 3∶1。将它们连接起来拉紧,形成一根长绳子,让一个波沿着绳子传播。在绳子的两段,波速比应该是多少?

7.2.7 耳语声强大概 20dB,通常谈话声强 60dB,声级是 3 倍,那么声强相差多少?声压相差多少?两个 20dB 的声音(不相干)合在一起时是多少分贝?

7.2.8 弹性波在媒质中传播时,取一质元来看,它的振动动能和振动势能与自由弹簧振子的情况有何不同?为什么?这又如何反映了波在传播能量?一平面简谐波在弹性媒质中传播,某媒质质元从最大位移处回到平衡位置的过程中及从平衡位置运动到最大位移处的过程中,能量是怎样变化的?

3. 课堂完成作业

7.2.9 一三角形脉冲横波向右传播,传播过程波形不变,$t=0$ 时波形曲线如图 7.2.5 所示,求:

(1) $x=l$ 振动曲线和振动速度曲线;

(2) 此脉冲的波函数;

(3) $x=L$ 处遇波密媒质反射(全反射),求反射波函数。

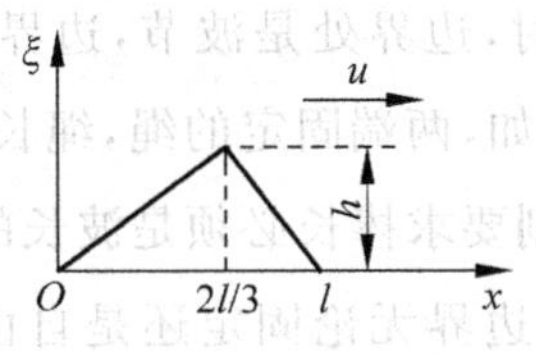

图 7.2.5

4. 提高题目

7.2.10 敲击铁轨一下,在很远处可以听到两次声音,为什么?

7.2.11 管乐吹出的和弦乐拉出的音调相同,但仍能区分它们,为什么?

7.2.12 拉紧的橡皮绳(张力恒定)上传播横波时,在同一时刻,何处动能密度最大?何处势能密度最大?何处总能量密度最大?何处总能量密度最小?

7.2.13 一列波从某个媒质入射到另一个媒质。如下哪种情形会产生"半波损失"?( )。

A. 不管以什么角度入射,只要是从声阻抗相对较小的媒质入射到界面

B. 垂直地从声阻抗相对较小的媒质入射到界面,但两个媒质的声阻抗差别不大

C. 垂直地从声阻抗相对较小的媒质入射到界面,两个媒质的声阻抗差别非常大

7.2.14 一架飞机以超声速低空飞过观察者的头顶不远处,观察者可以感受到强烈的冲击波通过。这个波是飞机发动机的轰鸣声引起的吗?

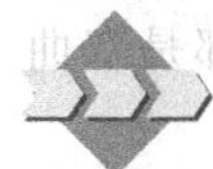

7.3 波的叠加

1. 本节要点

因为振动可以叠加,波也满足叠加原理。频率相同,振动方向相同,相位差固定的波称为相干波。相干波叠加可以在空间出现稳定的振动加强和减弱的分布,称为干涉现象。两列波干涉,若相位差是 2π 的整数倍或波程差是波长的整数倍时,相长干涉,若为半整数倍,则相消干涉。

两列相干的行波相向传播叠加时,形成驻波。在空间形成波腹和波节。波节处振幅最小(振幅相同的两列行波相遇,波节处振幅为零),波腹处振幅最大。相邻波节或波腹相距半个波长。驻波相位并不传播,实际是分段振动,相邻段振动相位相反。波能量也不传播,但在局域有能量流动或交换。

两端固定拉紧的弦可以形成驻波。长度有限的一段固体棒,无论两端是固定还是自

由，都可以形成驻波。边界固定时，边界处是波节，边界自由时，边界上是波腹。这就要求驻波波长满足一定的条件。例如，两端固定的绳，绳长必须是驻波波长的半整数倍，而一端固定另一端自由的固体棒，则要求棒长必须是波长的 1/4 奇数倍，等等。

边界固定的膜，或者固体片（边界无论固定还是自由），都可以产生二维驻波。同样此时驻波波长也需要满足一定的条件。

复波是非简谐波，有不同频率混合。两个振动方向相同、频率接近的波沿相同方向传播，此时这两个波构成最简单复波。在非色散介质中，波速与频率无关，这里波速是指相速度。这时两个波可以一直同行。叠加结果是，可以看到有一个变化较快的波（频率和波数是两波的平均值），还有一个是缓变的波，有时叫波包，频率是拍频的一半。这个波包移动的速度就是群速度。而在色散介质，波速与频率相关，所以波包会逐渐散掉。

复波的群速度为

$$u_g = \frac{d\omega}{dk}$$

在非色散介质相速度等于群速度，而在色散介质，显然群速度与相速度不同。通常我们讲的信号速度实际是指群速度，相对论里面有信号速度不能超过真空中光速，指的就是群速度不能超过真空中光速。而相速度可以超过真空中光速而不会引起因果律的颠倒。

2. 基本题目

7.3.1 波的叠加原理，与波动方程的线性有关吗？

7.3.2 在两水波源干涉图样中，平静水面上强或弱波强分别形成的曲线都是双曲线，如图 7.3.1 所示。为什么？

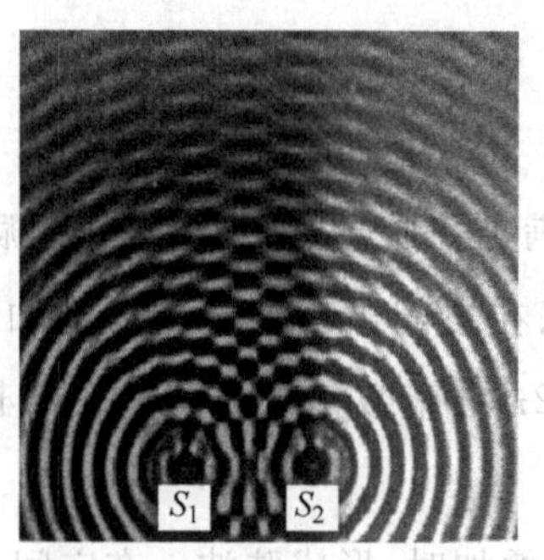

图 7.3.1

7.3.3 驻波中各质元间有能量传递吗？若有，请讨论驻波中在不同时刻质元间能量如何传递。驻波中波节不动，能量是如何传递过去的？

7.3.4 频率差不大的两列波叠加产生拍。快速振动频率是两个频率平均值，即两个频率和再除 2，而拍频是两波频率差，不需要除 2，为什么？

7.3.5 乐器上有旋钮，可以把弦拉紧或放松，弹奏时手指压触弦线的不同部位，就能发出各种音调不同的声音，这些都是什么缘故？

7.3.6 捏住一钢棒的中间位置，用一铁锤敲击，如图 7.3.2 所示。一次是对着钢棒端口截面敲击，另一次是敲击钢棒的侧面，听到频率不同。哪次频率会高些？如何估算频率？

3. 课堂完成作业

7.3.7 音叉与频率为 261.6Hz（C 调）的标准声源同时发音时，产生 1.60Hz 的拍音，如图 7.3.3 所示。当音叉粘上一小块橡皮泥时，拍频增大了。现将该音叉放在一盛水的细玻璃管口，调节管内水面高度，当管中空气柱高度 L 从零连续增加时，发现在 $L=0.33\text{m}$ 和 1.00m 时产生相继的两次共鸣。如何计算：

(1) 音叉固有频率；

(2) 声波在空气中的传播速度；

(3) 画出空气柱中驻波图形。

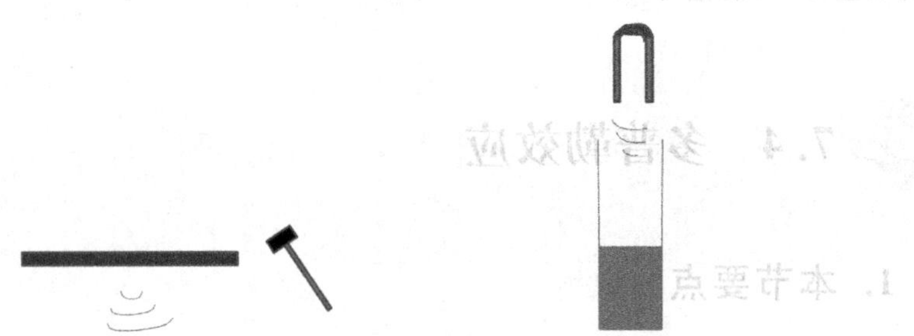

图 7.3.2　　　　图 7.3.3

4. 提高题目

7.3.8 如图 7.3.4 所示，振幅相反，左右对称的两波在弦线上传播，相遇的一瞬间，两波叠加波形完全消失（而后继续传播）。此时，与原来什么都没有的弦的情形相同吗？不同在什么地方？

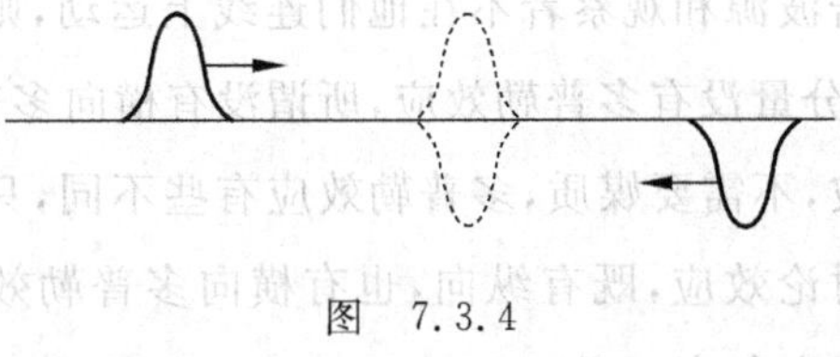

图 7.3.4

7.3.9 吸一口氦气说话，声音会变吗？为什么？

7.3.10 声源放在一盛水的细玻璃管口，如图 7.3.5 所示。调节频率，当频率合适时，会产生共鸣，这是什么原因？管口是波节还是波腹？（小心回答）

7.3.11 钢丝和铝线连起来拉紧，两端固定，如图 7.3.6 所示。激发振动后，连接处是波节还是波腹，或者两者都不是？这个问题跟线的截面积有关吗？此时能激发的频率都有哪些？

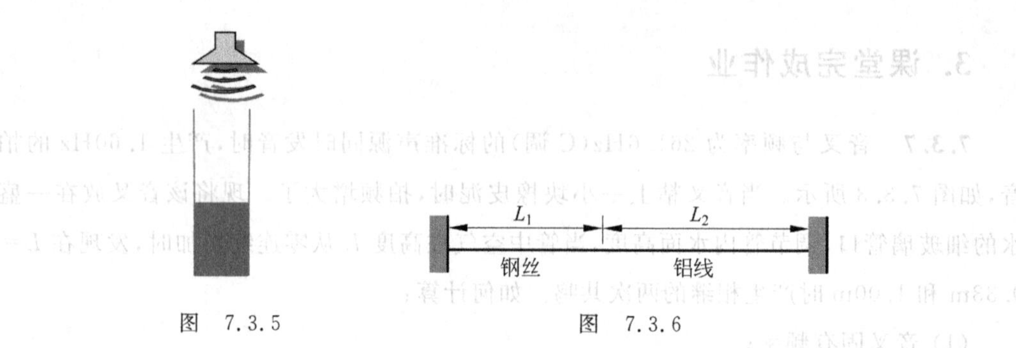

图 7.3.5　　　　图 7.3.6

7.3.12 假设电子可以看作是波，则以速度大小 v 运动的电子的群速度是多少？（电子的动量为$\hbar k$，能量为$\hbar\omega$）

7.4 多普勒效应

1. 本节要点

波源向观察者运动时，观察者听到的频率高于波源本身发出的频率，这是因为波源运动时，在媒质中的波长变短了。假如观察者向波源运动，对于观察者相当于波速增加了。这种现象叫多普勒效应。一般情况下，若波源和观察者在他们连线上运动，则观察者接收到频率和波源发出频率之间的关系是

$$\nu_R = \frac{u + v_R}{u - v_S}\nu_S$$

波源速度 $\boldsymbol{v}_S$ 和观察者运动速度 $\boldsymbol{v}_R$，当他们相向运动时规定取正号，否则为负。有时称作纵向多普勒效应。若波源和观察者不在他们连线上运动，则公式中速度取沿连线上的分量，垂直于连线上的分量没有多普勒效应，所谓没有横向多普勒效应。

电磁波不同于机械波，不需要媒质，多普勒效应有些不同，只与波源和观察者之间的相对速度有关。由于相对论效应，既有纵向，也有横向多普勒效应。假设他们的相对速度（相向为正）与连线之间夹角为 φ，则

$$\nu_R=\frac{\sqrt{c^2-v^2}}{c-v\cos\varphi}\nu_S$$

多普勒效应可以用于测量各种速度。

引力效应 广义相对论的一个基本假设是，处于加速系和处于同样重力加速度的引力场中是等同的。在加速运动的飞船，船头发出光，船尾接收到，此时有多普勒蓝移

$$\nu=\nu_0\left(1+\frac{gH}{c^2}\right)$$

相当于高处发光，低处接收。周期是当地钟测得，所以，推论是引力使时钟变慢。

2. 基本题目

7.4.1 一辆汽车行驶途中鸣喇叭，正好被三个观察者 A，B，C 听到，如图 7.4.1 所示。以下哪个描述是正确的？（ ）

A. 喇叭声波阵面在 A、B、C 处的运动速度不同，A 处最快

B. 喇叭声波阵面在 A、B、C 处的运动速度相同

C. A 听到的喇叭声最尖

D. B 听到的喇叭声最尖

E. C 听到的喇叭声最尖

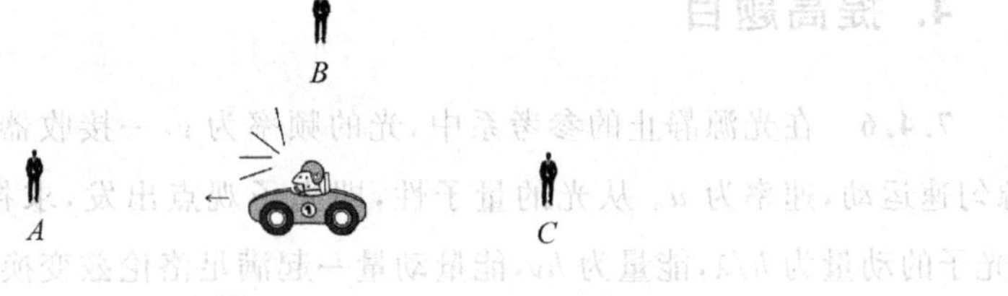

图 7.4.1

7.4.2 飞机在上空以速度 $u=200\text{m/s}$ 水平飞行，发出频率为 $\nu_0=2000\text{Hz}$ 的声波，如图 7.4.2 所示。地面上静止的观察者在 $t=4\text{s}$ 内测出的频率 $\nu_1=2400\text{Hz}$ 降为 $\nu_2=1600\text{Hz}$，已知声速为 $v=330\text{m/s}$。你能根据这些数据估算飞机的飞行高度吗？

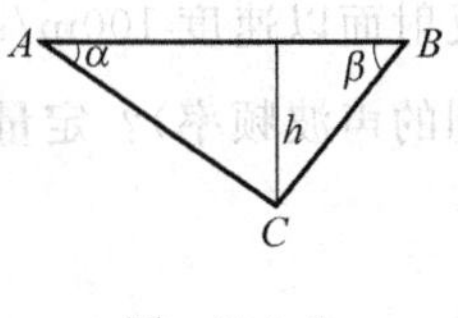

图 7.4.2

7.4.3 声波和光波的多普勒效应有什么区别？原因是什么？

7.4.4 如图 7.4.3 所示，飞船以 $0.8c$ 速度沿地面接收站与飞船连线方向向外飞行，飞船上的光源以 $T_0=3\text{s}$ 的周期发出光脉冲。求：地面接收站接收到的脉冲周期。

有人说：飞船上的光源相继两次发出信号是在同一地点，应是原时，所以地面测量周期为 5s；

另有人说：地面上的接收器相继两次接收信号是在同一地点，这才是原时，所以接收

周期应为 1.8s。他们两人谁对？

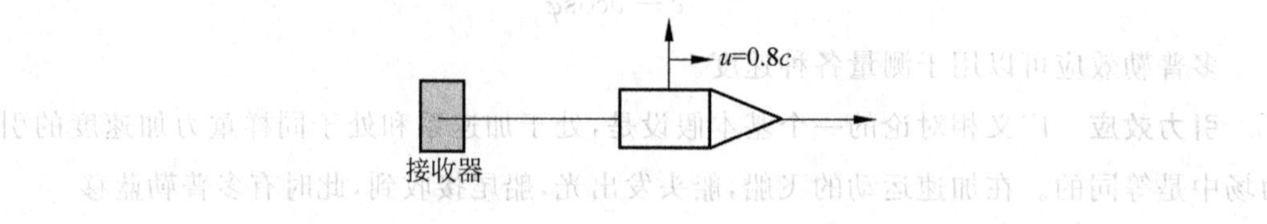

图 7.4.3

3. 课堂完成作业

7.4.5 一小孩坐在火车上一个靠窗的位置，车窗打开，火车启动以速度 12.00m/s 向西开去，小孩的爸爸站在火车轨道旁边，目送着火车离开。火车头的汽笛发出了频率 600.0Hz 的汽笛声。空气是静止的，请问

(1) 爸爸听到的汽笛声频率是多少？

(2) 小孩听到的汽笛声频率是多少？

一阵风从西面吹来，风速为 12.00m/s，请问

(3) 此时爸爸听到的汽笛声频率是多少？

(4) 此时小孩听到的汽笛声频率是多少？

4. 提高题目

7.4.6 在光源静止的参考系中，光的频率为 ν，一接收器正沿着二者的连线向着光源匀速运动，速率为 u。从光的量子性，即光子观点出发，求接收器接收到的光的频率。(光子的动量为 h/λ，能量为 $h\nu$，能量动量一起满足洛伦兹变换)

7.4.7 一声源 S，频率 300Hz，声速 300m/s，观察者 R 以速度 60m/s 向右运动，一反射面以速度 100m/s 向右运动，如图 7.4.4 所示。观察者 R 会观察到什么现象(指接收到的声波频率)？定量计算一下。

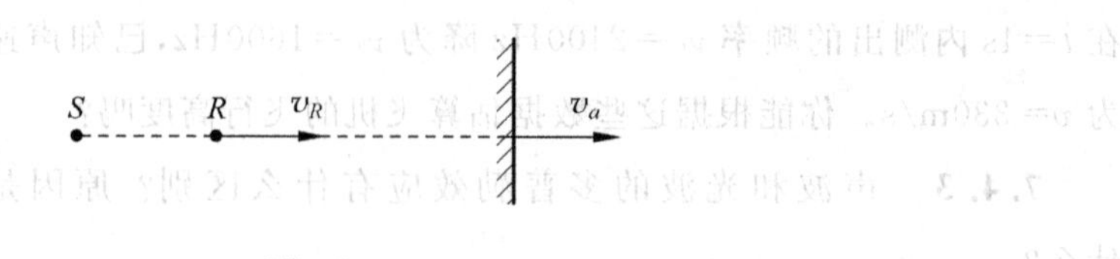

图 7.4.4

第8章 热学

8.1 气体分子运动论

1. 本节要点

大量分子的无规则运动就是热运动，热现象其实就是热运动的宏观表现。

有些宏观量可以累加，称为广延量，例如质量和体积等。有些不可以累加，称为强度量，例如温度和压强等。

平衡态：在不受外界影响的条件下，系统的宏观性质不随时间改变的状态。从微观角度，平衡态始终是动态平衡，有涨落。

热力学第零定律：当系统A与系统B热接触后，达到热平衡，称系统A和系统B有相同的温度。当系统B与第三个系统C也是热平衡的(热接触时没有热转移)，则系统C一定与系统A也是热平衡。

这是温度可以测量的基础，根据物体热胀冷缩特性可以建立温标。理想气体温标是利用了稀薄气体的玻义耳-马利奥特定律给出的，使 $pV\propto T$，并把水的三相点的温度定义为273.16K。以后可以证明，这个温标与任何物质特性无关的热力学温标等价。

在这个温标下，一个大气压下冰水混合温度为273.15K称为标准状态。理想气体状态方程为 $pV=\upsilon RT$ 或者 $p=nkT$。

一个分子连续两次碰撞之间经历的平均自由路程叫平均自由程。一个分子单位时间里受到平均碰撞次数叫平均碰撞频率。它们与平均速度之间有关系 $\bar{\lambda}\bar{Z}=\bar{v}$。如果分

子直径为 d,还可以推得 $\bar{\lambda}=\frac{1}{\sqrt{2}\pi d^2 n}$。若容器线度远小于这个值时,容器线度就是平均自由程。在热学中,宏观量与微观量有内在的联系。理想气体的压强与分子平均平动能有关系 $p=\frac{2}{3}n\bar{\varepsilon}_k$,由此可以推得 $\bar{\varepsilon}_k=\frac{3}{2}kT$。

能量均分定理:平衡态下,气体分子能量的每个独立平方项的平均值等于 $\frac{1}{2}kT$。

确定一个物体的空间位置所需要的独立坐标数目叫自由度。气体分子平动和转动自由度与其独立能量平方项数目一致,而分子振动自由度是其独立能量平方项数目的两倍。气体分子平动自由度3,刚性分子转动自由度3(若是直线型分子则是2),非刚性分子的振动自由度数目是 $3N-6$ 或 $3N-5$。所谓刚性分子是指温度不够高,不足以激发振动能量。

平衡态气体分子的速率分布满足统计规律,遵从确定的分布律

$$\frac{\mathrm{d}N_v}{N}=f(v)\mathrm{d}v$$

麦克斯韦速率分布律

$$f(v)=4\pi\left(\frac{m}{2\pi kT}\right)^{3/2}v^2\mathrm{e}^{-mv^2/2kT}$$

可以求得平均速率

$$\bar{v}=\left(\frac{8kT}{\pi m}\right)^{1/2}$$

最概然速率

$$v_{\mathrm{p}}=\left(\frac{2kT}{m}\right)^{1/2}$$

方均根速率

$$\sqrt{\overline{v^2}}=\left(\frac{3kT}{m}\right)^{1/2}$$

麦克斯韦速度分布律

$$\frac{\mathrm{d}N_{\bar{v}}}{N}=G(v_x,v_y,v_z)\mathrm{d}v_x\mathrm{d}v_y\mathrm{d}v_z=g(v_x)g(v_y)g(v_z)\mathrm{d}v_x\mathrm{d}v_y\mathrm{d}v_z$$

$$g(v_i)=\left(\frac{m}{2\pi kT}\right)^{1/2}\mathrm{e}^{-mv_i^2/2kT}$$

显然,平均速度

$$\bar{v}_x=\bar{v}_y=\bar{v}_z=0$$

从小孔泻流分子的速率分布律

$$\Gamma(v)\mathrm{d}v=\frac{1}{4}nvf(v)\mathrm{d}v$$

玻耳兹曼分布律

$$dN \propto e^{-E/kT} dv_x dv_y dv_z dx dy dz$$

由此出发，不考虑分子速度区别，可以推得，在地面上气体分子按高度分布为

$$n = n_0 e^{-mgh/kT}$$

实际气体比较复杂，需要考虑分子之间相互作用。最简单的近似方程是范德瓦尔斯方程

$$p = \frac{\nu RT}{V - \nu b} - \frac{\nu^2 a}{V^2}$$

温度高于临界点时，气体无法液化。温度低于临界点时，有汽液共存状态，汽液相变要经过这个共存状态。

系统自发地从非平衡态向平衡态过渡的过程，称为输运过程，主要有三种。

气体或液体都有黏滞性，有速度梯度的地方有黏滞力

$$df = -\eta\left(\frac{du}{dz}\right)dS$$

黏滞源于不同流层之间互相交换不同动量的分子，对于气体，黏滞系数为

$$\eta = \frac{1}{3}\bar{v}nm\lambda$$

有温度不均匀一定有热传导

$$dQ = -\kappa\left(\frac{dT}{dz}\right)dtdS$$

临近温度不同区域之间互相交换平均动能不同的分子，就是热传导。

对于气体，传热系数为

$$\kappa = \frac{1}{3}\bar{v}nm\bar{\lambda}c_v$$

密度不均匀就有扩散

$$dM = -D\left(\frac{d\rho}{dz}\right)dtdS$$

自扩散系数

$$D = \frac{1}{3}\bar{v}\lambda$$

2. 基本题目

8.1.1 摄氏温标规定0℃对应一个大气压下冰水混合物的平衡温度，100℃是一个大气压下的沸点温度，之间100等分。理想气体温标是利用玻意耳定律定义的，$pV \propto T$。取一个大气压下冰水混合物的温度为273.15K，为什么一个大气压下水的沸点为(100+273.15)K？(就是温度间隔为什么相同)

8.1.2 把一个长方形容器用一个绝热而无摩擦的隔板分开。最初平衡时，左边为0℃的CO_2，右边为20℃的H_2。试分析当左边CO_2温度增至5℃，右边H_2温度增至30℃时，隔板是否移动？如何移动？

8.1.3 当盛有理想气体的密封容器相对某惯性系运动时，有人说："容器内的气体分子相对该惯性系的速度也增大了，从而气体的温度因此就升高了。"试分析这种说法对不对？为什么？若容器突然停止运动，箱子内气体温度和压强如何变化？

8.1.4 在17世纪，马格德堡市的物理学家冯格里克把两个空的青铜半球壳合在一起，并用泵抽走这个合成的球中的空气。两支八驾的马队都不能把这两个半球拉开，而当空气重新充进球中时，球自动落成两半。假设球半径为0.5m，能估算出需要多大力量才可以拉开两个半球吗？

8.1.5 如果金属棒的一端插入冰水混合的容器，另一端与沸水接触，待一段时间后棒上各处的温度就会稳定下来，不随时间变化，这时金属棒是否处于平衡态？为什么？

8.1.6 为什么多原子分子(不在一条直线上)转动自由度为3？此时振动自由度是多少？若多原子分子是直线型排列，转动和振动自由度如何计算？

8.1.7 若盛有某种高压理想气体的容器漏气，这个过程容器内的气体内能以及气体分子的平均动能是否改变？为什么？

8.1.8 分子质量为m的气体，在温度T时的速率分布函数如图8.1.1所示，其中k与质量m和温度T有关。下列量如何表示？

(1) $\overline{v}$；(2) $\overline{v^2}$；(3) v_p；(4) 分子按动能的分布$\varphi(\varepsilon)\mathrm{d}\varepsilon$如何计算？

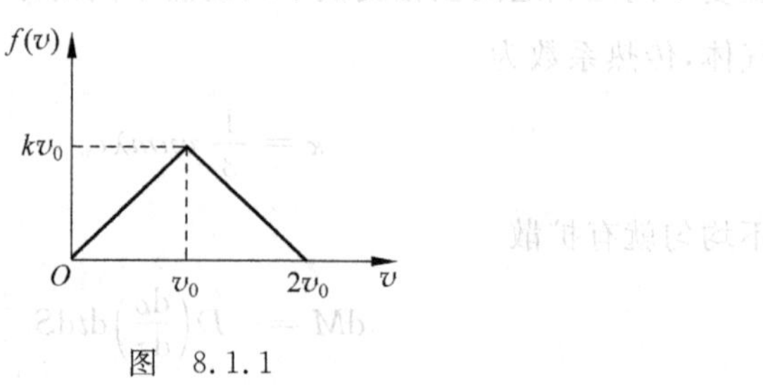

图 8.1.1

8.1.9 麦克斯韦速度分布中速度分量v_x为下述情况时，问：

(1) 大于v_p及(2)在v_p～$1.01v_p$之间的分子数占总分子数的比率怎么表示？

8.1.10 一定质量的气体，保持体积不变。当温度升高时分子运动得更剧烈，因而平均碰撞次数增多，平均自由程是否也因此而减小，为什么？在恒压下，加热理想气体，则气体分子的平均自由程和平均碰撞频率将如何随温度的变化而变化？怎样理解？

8.1.11 在大气中随着高度的增加，氮气分子数密度与氧气分子数密度的比值也增大，为什么？

8.1.12 一摩尔气体范德瓦尔斯气态方程为$(p+a/v^2)(v-b)=RT$，这里的气体压

强是 p,还是 $p+a/v^2$? 式中 a/v^2 代表什么意义?

8.1.13 一长为 L,半径为 $R_1=2\text{cm}$ 的蒸汽导管,外面包着一层厚度为 2cm 的绝热材料($\kappa=0.1\text{W}/(\text{m}\cdot\text{K})$),蒸汽的温度为 100℃,绝热套的外表面温度为 20℃,且保持恒定。试问绝热材料柱层中不同半径处的温度梯度 $\mathrm{d}T/\mathrm{d}r$ 是否相同? 为什么?

3. 课堂完成作业

8.1.14 图 8.1.2 显示了氮气的速率分布函数。横轴的 $v_s=1000\text{m/s}$,请问:

(1) 曲线下面积等于多少?

(2) 气体温度是多少?

(3) 气体的方均根速率是多少?

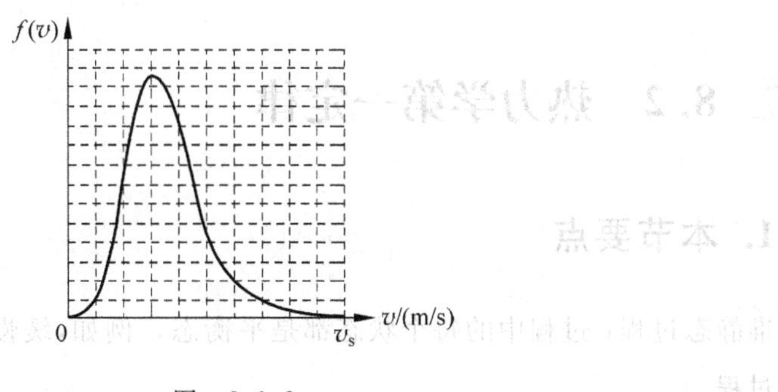

图 8.1.2

8.1.15 对于基本题目 8.1.13 中的导管,计算单位时间内单位长度传出的热量。

4. 提高题目

8.1.16 水对器壁的压强是否可看做分子热运动的碰撞结果?

8.1.17 气体处于平衡态时,无论容器形状如何,分子沿各个不同方向的平均速度是不是相同? 都等于零吗? 为什么?

8.1.18 常温下,当 1mol 水蒸气通过电解分解成同温度的氢气和氧气时,热运动动能增加了百分之几? 这个过程振动自由度需要考虑吗? 为什么?

8.1.19 何谓速度空间? 速度空间中的一点代表什么? 一个体积元 $\mathrm{d}v_x\mathrm{d}v_y\mathrm{d}v_z$ 代表什么? 如果气体分子数目为 N,那么速度空间中这 N 个点的数密度就有个分布,它的物理意义是什么?

8.1.20 气体分子的麦克斯韦速度分布函数 $\propto \mathrm{e}^{-mv^2/2kT}$,但速率分布却 $\propto v^2\mathrm{e}^{-mv^2/2kT}$,为什么?

8.1.21 何谓状态空间? 状态空间中的一点代表什么? 一个体积元 $\mathrm{d}x\mathrm{d}y\mathrm{d}z\mathrm{d}v_x\mathrm{d}v_y\mathrm{d}v_z$ 代表什么? 如果气体分子数目为 N,那么状态空间中这 N 个点的数密度就有个分布,它的物理意义是什么？

8.1.22 玻耳兹曼分布律是分子按高度的分布函数，此时分子的速度分布函数是不是与高度有关？

8.1.23 地球大气层上层的电离层中，电离气体的温度可达2000K，但每立方厘米中的分子数不超过10^5个。这温度是什么意思？一块锡放到该处会不会被熔化，已知锡的熔点是505K。

8.1.24 对氧气和氮气的混合气体，由道尔顿分压定律，气体压强$p=p_{氧气}+p_{氮气}$，p是强度量，为什么这是可加的？

8.1.25 两种不同气体单独都满足麦克斯韦分布律，这两种气体混合时，速度分布律应该是什么样的？

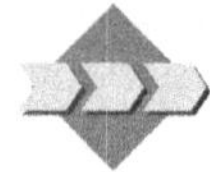

8.2 热力学第一定律

1. 本节要点

准静态过程：过程中的每个状态都是平衡态。例如，缓慢地压缩和膨胀过程和等温传热过程。

热是传递的那部分内能。对于一个系统，分子无规运动动能是内能，分子之间相互作用能也是内能。当系统从外界吸热Q，对外界做功W，系统内能增量ΔE，则热力学第一定律或者能量守恒：$Q=\Delta E+W$，无限小过程

$$\mathrm{d}Q=\mathrm{d}E+\mathrm{d}W$$

定压热容量

$$C'_p=\left(\frac{\mathrm{d}Q}{\mathrm{d}T}\right)_p$$

定容热容量

$$C'_V=\left(\frac{\mathrm{d}Q}{\mathrm{d}T}\right)_V$$

理想气体准静态过程$\mathrm{d}E=\nu C_V\mathrm{d}T$，$C_v=\frac{i}{2}R$，$i$是分子自由度。

内能

$$E=\frac{i}{2}\nu RT$$

迈耶公式

$$C_p-C_V=R$$

范德瓦尔斯气体内能

$$E=\frac{i}{2}\nu RT-\nu^2\frac{a}{V}$$

理想气体准静态绝热过程

$$pV^\gamma=\text{cosnt.},\quad \gamma=C_p/C_V$$

循环过程：系统经历一系列变化后，又回到初始状态的整个过程。

只和两个不同温度的恒温热库交换热量的准静态循环，称为卡诺循环。

卡诺热机循环效率 $\eta=\frac{W}{Q_1}=1-\frac{T_2}{T_1}$，卡诺致冷机致冷系数 $w=\frac{|Q_2|}{W}=\frac{T_2}{T_1-T_2}$。

2. 基本题目

8.2.1 开始容器中气体各处压强不平衡，经过一段时间达到平衡。假设容器尺寸 L，弛豫时间如何估算比较合理？（　　）

A. L/声速　　　　B. L/分子平均速率

8.2.2 一个冰块扔进春天的湖水中，并慢慢融化消失，这个过程是不是准静态过程？为什么？

8.2.3 内能和热量的概念有何不同？为什么内能是状态量，而热量是过程量？下面说法是否正确？

(1) 物体的温度越高，则热量越多；

(2) 物体的温度越高，则内能越大；

(3) 内能仅与温度有关。

8.2.4 为什么理想气体内能的变化是 $\Delta E=\nu C_V\Delta T$，而不是 $\Delta E=\nu C_p\Delta T$？

8.2.5 一定量的理想气体分别由初态 a 经过 ad 过程，和由初态 b 经 bcd 过程到达同一终态 d，如图 8.2.1 所示，试比较这两个过程中气体与外界传递热量 Q_1、Q_2 的大小。

8.2.6 过程如图 8.2.2 所示，讨论理想气体在下列过程中 $\Delta E,\Delta T,W,Q$ 的正负。

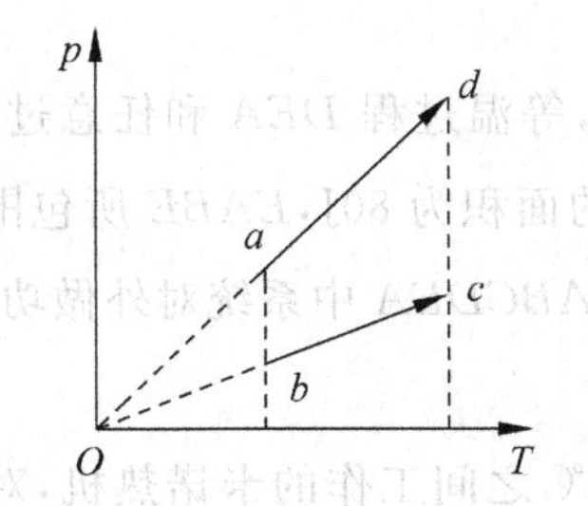

图　8.2.1

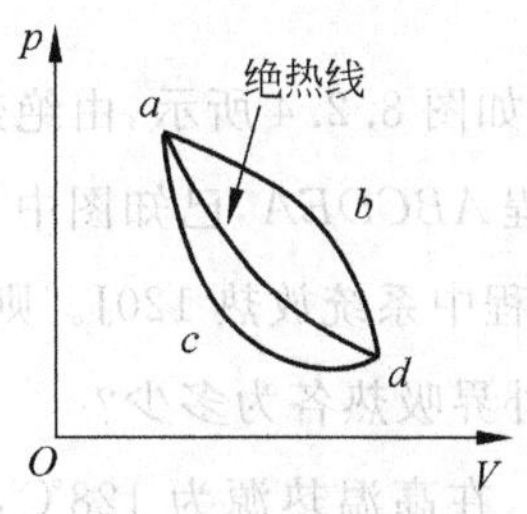

图　8.2.2

(1) $a\to b\to d$ 过程。

(2) $a\to c\to d$ 过程。

(3) 比较上述两过程吸、放热的绝对值的大小。

(4) 如果中间那根线是等温线,结果又如何?

8.2.7 如图 8.2.3 所示为一气缸,除底部导热外,其余部分都是绝热的。其容积被一位置固定的轻导热板隔成相等的两部分 A 和 B,其中各盛有 1mol 的理想氮气。今将 335J 的热量缓慢地由底部传给气体,设活塞上的压强始终保持为 1atm。

(1) A,B 两部分气体各经历什么过程?两部分气体吸热是否相同?如果不同,哪个吸热多一些?为什么?

(2) 若将活塞固定,同时将位置固定的轻导热板换成可自由滑动的绝热隔板,A,B 两部分气体各经历什么过程?两部分气体最后温度是否相同?如果不同,哪个温度会高一些?为什么?

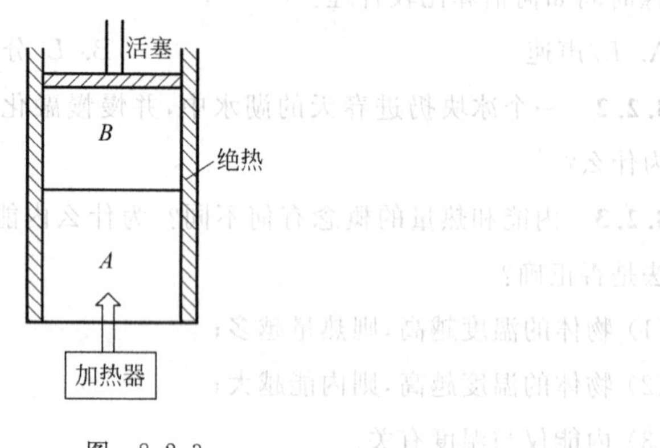

图 8.2.3

8.2.8 一卡诺热机在 1000K 和 300K 的两热源之间工作,如果(1)高温热源提高为 1100K,(2)低温热源降低为 200K。从理论上说,热机效率分别可增加多少?为了提高热机效率,哪个方案为好?

3. 课堂完成作业

8.2.9 如图 8.2.4 所示,由绝热过程 AB,CD,等温过程 DEA 和任意过程 BEC 组成一循环过程 $ABCDEA$,已知图中 $ECDE$ 所包围的面积为 80J,$EABE$ 所包围的面积为 40J,DEA 过程中系统放热 120J。则整个循环过程 $ABCDEA$ 中系统对外做功和 BEC 过程中系统从外界吸热各为多少?

8.2.10 在高温热源为 128℃,低温热源为 28℃之间工作的卡诺热机,对外做净功 7500J。若维持低温热源温度不变,提高高温热源温度,使其对外做净功 9500J。假设这两次循环该热机都工作在相同的两条绝热线之间,试求:

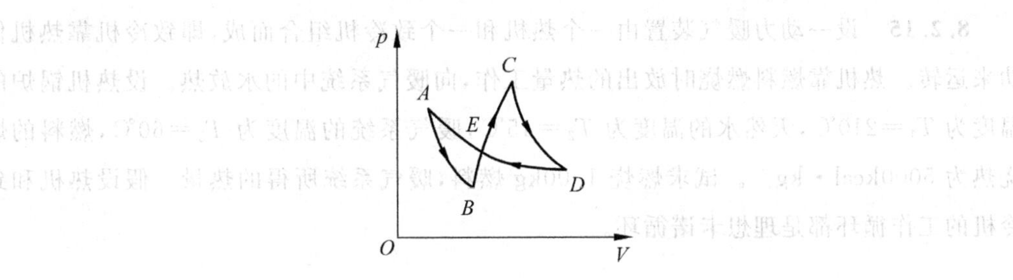

图 8.2.4

(1) 后一个卡诺循环的效率；

(2) 后一个卡诺循环的高温热源的温度。

4. 提高题目

8.2.11 节流过程为什么不是准静态过程？

8.2.12 如图 8.2.5 所示，瓶内盛有气体，一横截面为 A 的玻璃管通过瓶塞插入瓶内。玻璃管内放有一质量为 m 的光滑金属小球(像一个活塞)。设小球在平衡位置时，气体的体积为 V，压强为 $p=p_0+\dfrac{mg}{A}$，其中 p_0 为大气压强。现将小球稍向下移，然后放手，则小球将以周期 T 在平衡位置附近作简谐振动。假定在小球上下振动的过程中，瓶内气体进行的过程可看作准静态绝热过程，试求：

(1) 使小球作简谐振动的准弹性力 F 与小球相对其平衡位置的位移 y 之间的关系；

(2) 小球作简谐振动的周期 T。

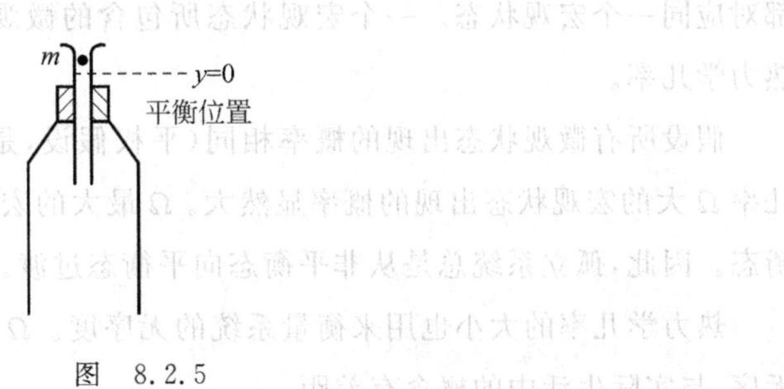

图 8.2.5

8.2.13 汽油内燃机的运行过程可以用两条绝热线和两等容线构成的闭合曲线近似描述。这四个过程分别描述怎样的实际过程？假设进气口的汽油空气混合物是理想气体，绝热指数 γ。请问内燃机的效率与气缸内气体的压缩比有什么关系？

8.2.14 2mol 单原子理想气体从某初态经历热容量为 $C=2R(1+T/T_0)$ 的准静态过程，到达温度为初态温度 2 倍、体积为初态体积$\sqrt{2}$倍的终态。试求内能增量 ΔE 及系统对外所做的功 W。

8.2.15 设一动力暖气装置由一个热机和一个致冷机组合而成，即致冷机靠热机做功来运转。热机靠燃料燃烧时放出的热量工作，向暖气系统中的水放热。设热机锅炉的温度为 $T_1=210℃$，天然水的温度为 $T_2=15℃$，暖气系统的温度为 $T_3=60℃$，燃料的燃烧热为 $5000\mathrm{kcal}\cdot\mathrm{kg}^{-1}$。试求燃烧 1.00kg 燃料，暖气系统所得的热量。假设热机和致冷机的工作循环都是理想卡诺循环。

8.3 热力学第二定律和熵

1. 本节要点

自然宏观过程按一定的方向进行的规律就是热力学第二定律。历史上有两个等价表述。

克劳修斯表述：热量不能自动地由低温物体传向高温物体。

开尔文-普朗克表述：其唯一效果是热全部变成功的过程是不可能的。改一种说法就是：单热源热机是不可实现的。

热力学第二定律是统计规律，适用于宏观物质包含大量粒子系统。花粉颗粒不够大，所以布朗运动可以认为是因系统不够大而出现的比较明显的涨落效果。

一个经典粒子的位置和速度表示它的状态。宏观系统包含大量的分子，所有分子的状态组合就是一个微观状态。一个宏观状态包含大量的微观状态，这些不同的微观状态都对应同一个宏观状态。一个宏观状态所包含的微观状态数目 Ω 就是这个宏观状态的热力学几率。

假设所有微观状态出现的概率相同(平权假设，是统计力学的基本假设)，则热力学几率 Ω 大的宏观状态出现的概率显然大。Ω 最大的宏观状态是平衡态，其他态都是非平衡态。因此，孤立系统总是从非平衡态向平衡态过渡。

热力学几率的大小也用来衡量系统的无序度。Ω 越大，系统越无序。这里的有序和无序，与实际生活中的概念有差距。

玻耳兹曼熵：$S=k\ln\Omega$，熵也是无序度的度量。孤立系统总是倾向于熵值最大。这也是热力学定律的本质表述。

计算大量分子状态数时，如果这些粒子完全相同，需要扣除重复的计数。对于这样的 N 粒子系统，就是除一个 $N!$。

经典玻耳兹曼分布实际就是孤立系统熵 S 极大的结果。但开放系统熵可以减少，代价是与其相关的大系统熵增加，以补偿这个减少。

可逆过程：一个过程进行时，如果外界条件改变一无穷小的量，这个过程就可以反向进行。

无摩擦的准静态压缩或膨胀过程和准静态传热过程都是可逆过程。

卡诺定理：在相同的高温热库和相同的低温热库之间工作的一切可逆热机，其效率都相等，与工作物质无关；在相同的高温热库和相同的低温热库之间工作的一切不可逆热机，其效率不可能大于可逆热机的效率。

依据卡诺定理，利用可逆卡诺热机可以定义热力学温标或绝对温标，与具体测温物质无关。

对于可逆循环$\oint_c \frac{đQ}{T}=0$。

可以定义一个克劳修斯熵差 $S_2-S_1=\int_1^2 \frac{đQ}{T}$。

对于两个平衡态的熵差，可以设计一个可逆过程，利用上面公式计算。此时克劳修斯熵与玻耳兹曼熵等价。容易看出，绝热可逆过程是等熵过程。对于非平衡态，克劳修斯熵公式无能为力。

P-V 图上曲线都是准静态过程，而 T-S 图上曲线都是可逆过程。

2. 基本题目

8.3.1　辨别下列说法是否正确。

(1) 功可以全部转化为热，但热不能全部转化为功；

(2) 热量能够从高温物体传到低温物体，但不能从低温物体传到高温物体。

8.3.2　为什么要引入可逆过程的概念？准静态过程是否一定是可逆过程？可逆过程是否一定是准静态过程？

8.3.3　有人说：凡是因热接触而发生热交换的过程都是不可逆过程。这种说法对不对？为什么？

8.3.4　如图 8.3.1 所示，体积为 $2V_0$ 的导热容器，中间用隔板隔开，左边盛有氮气，体积为 V_0，压强为 P_0，温度为 T_0；右边为真空。

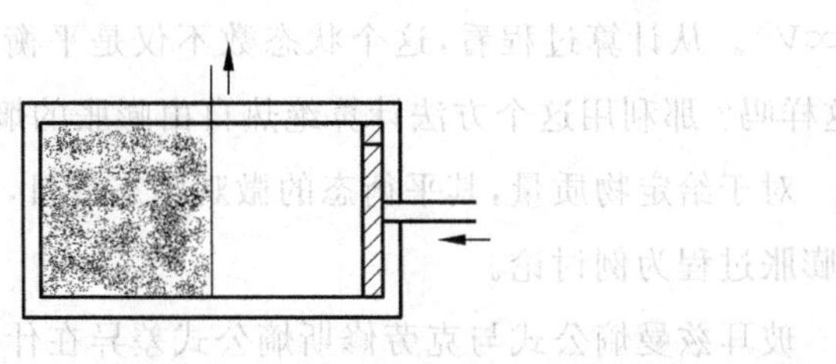

图　8.3.1

(1) 将隔板迅速抽掉，气体自由膨胀到整个容器，此过程中气体对外做功及传热各等于多少？

(2) 利用活塞将气体缓慢地压缩到原来体积 V_0，在这个过程中外界对气体做功及传热各等于多少？

(3) 如果(2)中活塞不是缓慢地，而是非常快速地将气体压缩到原来体积 V_0，在这个过程中外界对气体做功及传热各等于多少？

(4) 有人说：气体回到原状态，则过程(1)是可逆过程。这种说法对不对？为什么？

8.3.5 两条绝热线为什么不能相交？

8.3.6 温度为 T_1 的物体放热 Q，微观状态数目增加还是减少？与温度为 $T_2<T_1$ 的物体放热 Q 相比，微观状态数目改变哪个大？(简单让两个物体接触，交换热量 Q)

8.3.7 过程如图 8.2.2 所示，讨论理想气体在下列过程中 ΔS 的正负。

(1) $a\to b\to d$ 过程；

(2) $a\to c\to d$ 过程；

(3) 如果中间那根线是等温线，结果又如何？

8.3.8 假设 1.00mol 的单原子理想气体初始压强 p_1，体积 V_1。它经过了三个步骤经历一次循环：(1)等温膨胀过程，体积变为 $2V_1$。(2)等容过程，压强变为 p_1。(3)等压压缩过程。每个步骤吸热多少？熵变化多少？

3. 课堂完成作业

8.3.9 将温度为-20℃的 10g 冰块放进温度为 20℃的湖水中，试计算达到热平衡时，冰块和湖水这个系统熵的变化。(水的比热：$c_{水}=4.18\times10^3\text{J/(kg}\cdot\text{K)}$，冰的比热：$c_{冰}=2.09\times10^3\text{J/(kg}\cdot\text{K)}$，冰的溶解热 $\lambda_{冰}=3.34\times10^5\text{J/kg}$)

4. 提高题目

8.3.10 [7]瓶子里装一些水，然后密封起来。忽然表面的一些水蒸发成汽，余下的水温变低，这件事可能吗？它违背热力学第一定律吗？它违背热力学第二定律吗？

8.3.11 讨论气体微观状态数的时候，计算了给定体积 V 的 N 个粒子气体平衡态的状态数 $\Omega\propto V^N$。从计算过程看，这个状态数不仅是平衡态的数目，还包括了非平衡态的数目，是这样吗？那利用这个方法计算绝热自由膨胀的熵变正确吗？

8.3.12 对于给定物质量，其平衡态的微观状态数目，总是比非平衡态的大吗？以气体绝热自由膨胀过程为例讨论。

8.3.13 玻耳兹曼熵公式与克劳修斯熵公式差异在什么地方？后者可以计算某平衡态与某非平衡态的熵差吗？

8.3.14 物体初始动能为 E，在平面上滑动，由于摩擦而停止运动。假设环境温度 T_0，达到平衡后总熵变(　　)。

A. 可以简单计算

B. 需要更多条件，才可以计算

C. 太复杂，无法简单计算

8.3.15 两绝热容器 A 和 B 中各有同种理想气体 νmol，A、B 中气体的初状态分别为 V_1，p_1，T 和 V_2，p_2，T。此后将两容器接通使其达到平衡，求这一过程中系统的熵变。

(1) 有人采用下述解法

已知理想气体熵公式 $S=\nu C_{V,m}\ln T+\nu R\ln V+S_0$

由题设，在接通后温度 T 不变，A、B 中的气体体积均扩展至 V_1+V_2，所以

$$\Delta S=\Delta S_A+\Delta S_B=\nu R\ln\frac{(V_1+V_2)^2}{V_1V_2}$$

另有人则认为，当 A、B 气体达到最终平衡的压强时，实际各自占据了 $(V_1+V_2)/2$ 体积，因此

$$\Delta S=\Delta S_A+\Delta S_B=\nu R\ln\frac{(V_1+V_2)^2}{4V_1V_2}$$

你认为哪个正确？为什么？

(2) 如果在 A、B 中是不同种气体，其他条件不变，结果又如何？为什么？

8.3.16 考察一固体，原来温度为 π，热容量为常量 c，与温度 e 的热库接触后达到平衡，熵变为多少？(固体体积不变)。比较 e^π 与 π^e 的大小(不用计算器)。

8.3.17 在水的常压凝固点(在大气压下是 0.0℃)温度甚至是该温度以下，能量可以以热量的形式从水中散发出来而不引起水凝结。此时的水被称为过冷的。假设 1.00g 的水滴是过冷的，直到温度达到周围空气的 −5.00℃，水滴不可逆地突然凝结了。将能量以热量的形式传递给空气。请问水滴的熵变如何计算？

8.3.18 将温度为 312K、质量为 2.00kg 的水与温度为 300K、质量为 1.00kg 的水相混合。设混合前后二者压强相同，且已知水的比热为 $4.18\text{J}\cdot\text{g}^{-1}\cdot\text{K}^{-1}$。在达到热平衡后，由于涨落缘故使 2.00kg 水的温度恢复到 312K，1.00kg 水的温度恢复到 300K(即混合前的状态)的概率是多少？

8.3.19 一摩尔理想气体压强为 π，与热库热平衡，但不是力平衡，通过暂态过程与热库压强 e 达到力平衡，平衡后熵变多少？

8.3.20 小型可逆热机在温度为 T_1 的大的热物体与温度为 T_0($T_0<T_1$)的冷源之间工作，工作过程中，设热物体的热容量 C 为常量，最后物体温度降到 T_0，此时热机也恰好处在原始状态。

(1) 试计算热机、热物体与冷源各自的熵增；

(2) 利用熵变计算热机对外所做的总功；

(3) 若热物体通过直接与冷源热传导降温到冷源温度，试求系统熵增。

8.3.21 匀质细棒长度为 L，质量线密度为 λ，比热为 c。开始时棒一端的温度为 T_0，另一端的温度为 $2T_0$，两端之间各处的温度按线性变化。设棒与外界绝热，通过自身各部分之间的热传导，最后达到平衡。此过程，棒的熵是增加还是减少？如何具体计算熵的变化？

8.3.22 超音速飞机在湿度比较大的晴天飞行时，机身周围有时会出现锥形的水汽团，如图 8.3.2 所示，请讨论原因。

图 8.3.2

8.3.23 冬天呼气时有哈气，为什么？

8.3.24 西藏有些地区的气压只有 0.5 个大气压，那里水沸腾的温度应怎么估算？

第9章

电 磁 学

9.1 真空中的静电场

1. 本节要点

电场 $\boldsymbol{E}=\dfrac{\boldsymbol{f}}{q}$ 与试探电荷 q 无关，是测量位置处的性质。

点电荷电场

$$\boldsymbol{E}=\frac{Q}{4\pi\varepsilon_0 r^2}\hat{\boldsymbol{r}}$$

电场叠加原理计算多个点电荷电场

$$\boldsymbol{E}=\sum_{i=1}^{n}\boldsymbol{E}_i=\sum_{i=1}^{n}\frac{q_i}{4\pi\varepsilon_0 r_i^2}\hat{\boldsymbol{r}}_i$$

若带电体连续分布

$$\boldsymbol{E}(1)=\frac{1}{4\pi\varepsilon_0}\int_{(Q)}\frac{\mathrm{d}q_2}{r_{12}^2}\hat{\boldsymbol{r}}_{12}$$

其中，若是体电荷分布

$$\mathrm{d}q_2=\rho(2)\mathrm{d}V_2$$

面电荷分布 $\mathrm{d}q_2=\sigma(2)\mathrm{d}S_2$；线电荷分布 $\mathrm{d}q_2=\lambda(2)\mathrm{d}l_2$。

偶极矩电场

$$\boldsymbol{E}=\frac{1}{4\pi\varepsilon_0 r^3}[-\boldsymbol{p}+3(\hat{\boldsymbol{r}}\cdot\boldsymbol{p})\hat{\boldsymbol{r}}]$$

电荷在电场中受力

$$f = q\boldsymbol{E}$$

描述场量的方法，就是要知道场量对闭合曲面的通量和闭合曲线的环流。

电通量

$$\phi = \sum_i \boldsymbol{E}_i \cdot \mathrm{d}\boldsymbol{S}_i \equiv \iint_S \boldsymbol{E} \cdot \mathrm{d}\boldsymbol{S}$$

高斯定律

$$\oiint_S \boldsymbol{E} \cdot \mathrm{d}\boldsymbol{S} = \frac{\sum_i q_{i内}}{\varepsilon_0}$$

其中电场是所有电荷产生的。根据高斯定律可知，电场线只在电荷处中断。

连续分布情形右侧是积分。微分形式为

$$\nabla \cdot \boldsymbol{E} = \frac{1}{\varepsilon_0}\rho$$

对于电荷具有某种对称分布情形，假如电场可以从积分号内提出来，利用高斯定律可以比较容易计算电场。

2. 基本题目

9.1.1 分别用两个检验电荷$+q$和$+2q$测量电荷$+Q$附近区域的静电场，结果会有不同吗？

9.1.2 一个电偶极子处于带电平行板电容器之间(到两板距离一样)，如图 9.1.1 所示。它在哪个位置所受的合力矩为零？为什么？

9.1.3 如图 9.1.2 所示，一个圆柱形的绝缘材料置于外加电场中，则通过这个圆筒表面的净电通量是否为零？为什么？

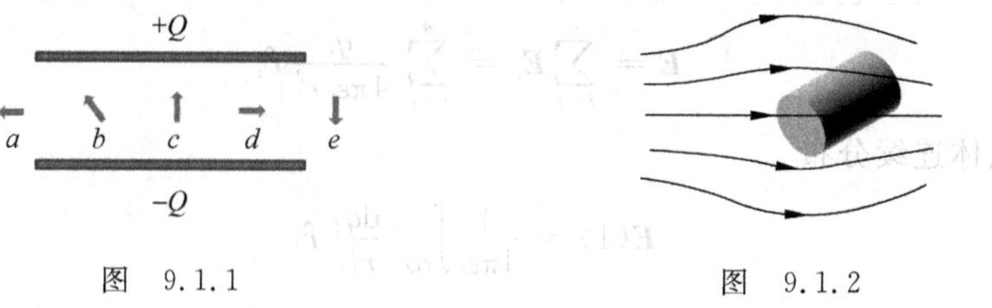

图 9.1.1　　　　图 9.1.2

9.1.4 如图 9.1.3 所示，两个平行带电板之间的相互作用力为：

(1) $f=\dfrac{q^2}{4\pi\varepsilon_0 d^2}$；

(2) $f=qE=\dfrac{q^2}{\varepsilon_0 S}$。

试判断其正误。

9.1.5　如图 9.1.4 所示。

(1) 求闭合面 S_1, S_2, S_3, S_4 的电通量 Φ_e；

(2) $\Phi_e = 0$ 是否说明面上 $\boldsymbol{E}$ 处处为零？

(3) 闭合面上的电场是否由闭合面内电荷决定？

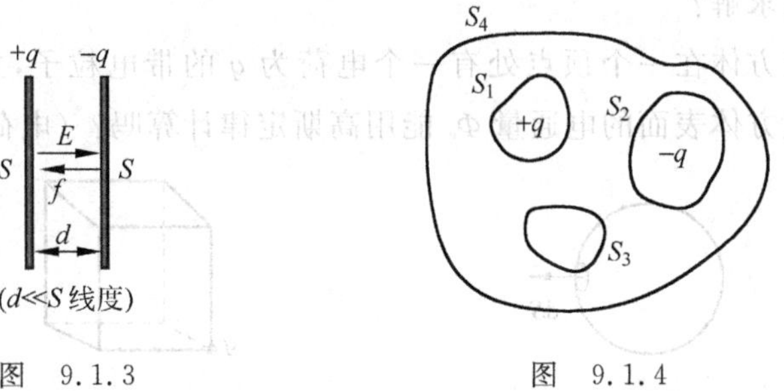

图　9.1.3　　　　图　9.1.4

9.1.6　利用高斯定律求电场，要求具备什么条件？是否只要 $\boldsymbol{E}$ 有对称性，就可以？

9.1.7　在 xy 平面上有一以坐标原点为圆心，半径为 R 的带电圆环，线电荷密度的分布为：$y<0, \lambda=\lambda_0$；$y>0, \lambda=-\lambda_0$。试求 z 轴（通过圆环圆心，与圆环所在平面垂直的轴）上的电场强度分布。

3. 课堂完成作业

9.1.8　如图 9.1.5 所示，现有一个立方体边长为 1m，其表面围成一个闭合区域。已知电场分布为 $\boldsymbol{E} = (1.00x + 2.00)\boldsymbol{i} + 4.00y\boldsymbol{j} + 3.00\boldsymbol{k}$(N/C)，其中 x 的单位是 m。试求：立方体内的净电荷大小。

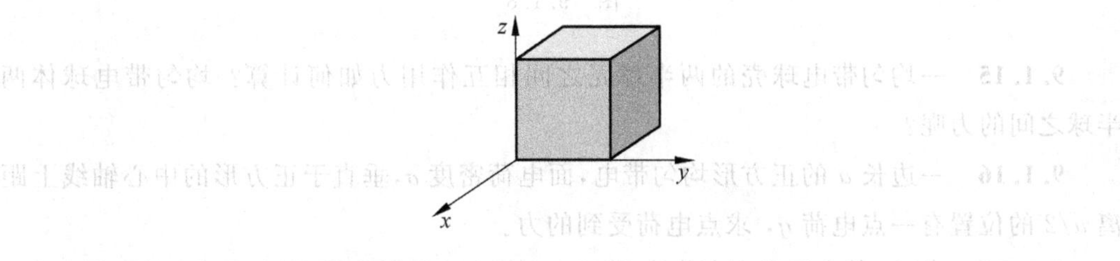

图　9.1.5

4. 提高题目

9.1.9　如图 9.1.1 所示，一个电偶极子处于带电平行板电容器之间（到两板距离一样），它在哪个位置所受的合力为零？为什么？

9.1.10　与我们现实世界不同，假设电荷不是只有正负两类，而是有三类。各类电荷也都遵从异性相吸，同性相斥的关系，它们完全对称。相互作用力也是平方反比力，也满足叠加原理。对于相同电荷量，同性斥力是异性引力的两倍。是不是可以有中性体(不受任何电荷的作用力)存在？可以引入电场概念吗？

9.1.11　假如库仑定律不是距离的反平方律，而是反立方律。没有电荷的地方电场线还连续吗？

9.1.12　如图 9.1.6 所示，一均匀带电球壳，面电荷密度 σ。球面上任意小面元 dS 上所受静电力如何求解？

9.1.13　一立方体在一个顶点处有一个电荷为 q 的带电粒子，立方体边长为 a，如图 9.1.7 所示。立方体表面的电通量 Φ_e 能用高斯定律计算吗？(电荷就在高斯面上)

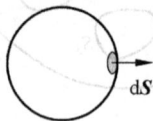

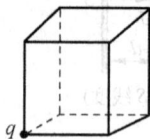

图　9.1.6　　　　图　9.1.7

9.1.14　在半径为 R_1，体电荷密度为 ρ 的均匀带电球体内，挖去一个半径为 R_2 的小球体。空腔中心 O_2 与带电球体中心 O_1 之间的距离为 a，且 $R_1 \geqslant R_2 + a$，如图 9.1.8 所示。空腔内任一点的场强是什么样的？特例：R_1 比 R_2 大一点，球心重合。

图　9.1.8

9.1.15　一均匀带电球壳的两半球壳之间相互作用力如何计算？均匀带电球体两半球之间的力呢？

9.1.16　一边长 a 的正方形均匀带电，面电荷密度 σ，垂直于正方形的中心轴线上距离 $a/2$ 的位置有一点电荷 q，求点电荷受到的力。

9.1.17　求证：静电场没有电荷处，球面上电场大小的平均值，不小于球心处电场大小。

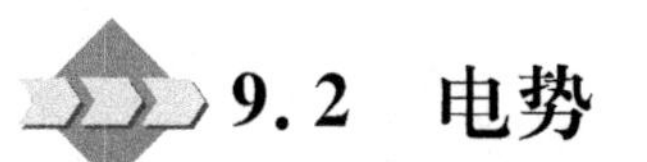

9.2　电势

1. 本节要点

静电场环流 $\oint_L \boldsymbol{E} \cdot \mathrm{d}\boldsymbol{l} = 0$，知静电场不能闭合。

静电场是保守场，可以定义电势差 $\phi(b)-\phi(a)=-\int_{(a)}^{(b)}\boldsymbol{E}\cdot\mathrm{d}\boldsymbol{l}$ 电势沿电场线下降。

规定电势零点后，电势

$$\phi(P)=-\int_{P_0}^{P}\boldsymbol{E}\cdot\mathrm{d}\boldsymbol{l}$$

对于点电荷系统，通常选无限远处电势为零。

电势满足叠加原理，多个点电荷电势为

$$\phi=\sum_i\frac{1}{4\pi\varepsilon_0}\frac{q_i}{r_i}$$

电势连续分布时

$$\phi(1)=\frac{1}{4\pi\varepsilon_0}\int_{(Q)}\frac{\mathrm{d}q_2}{r_{12}}$$

电场是电势的负梯度

$$\boldsymbol{E}=-\nabla\phi$$

电场线处处垂直于等势面，等势面疏密反映场的强弱。

点电荷在静电场中电势能

$$W=q\phi$$

电偶极矩在静电场中电势能 $W=-\boldsymbol{p}\cdot\boldsymbol{E}$，受到力矩 $\boldsymbol{M}=\boldsymbol{p}\times\boldsymbol{E}$。

点电荷系静电能 $W=\frac{1}{2}\sum_i q_i\phi_i$，其中电势是角标对应的电荷之外在该电荷处的电势。

若带电体连续分布 $W=\frac{1}{2}\int_{(Q)}\mathrm{d}q\phi$，线电荷分布时发散。

2. 基本题目

9.2.1 先把检验电荷 $+q$ 置于距电荷 $+Q$ 为 r 的 A 点，然后移走 $+q$，将检验电荷 $+2q$ 再置于 A 点。比较前后两次电荷在 A 点的电势能哪个大？两次测得的电势呢？

9.2.2 有一电荷系电势能为正或者为负意味着什么？（例如，两个异号电荷的电势能为负，两个同号电荷的电势能为正。）

9.2.3 下列说法是否正确？为什么？

(1) 已知 P 点的电场 $\boldsymbol{E}_P$，可以确定该点的电势 ϕ_P；

(2) 已知 P 点的电势 ϕ_P，可以确定该点的电场 $\boldsymbol{E}_P$；

(3) $\boldsymbol{E}=$常矢量，则 $\phi=$常量；

(4) 电场值相等的曲面上，电势值一定相等；

(5) 电势值相等的曲面上，电场值一定相等。

9.2.4 如图 9.2.1 所示，是沿 x 方向的电势 φ 的曲线，图中 $\varphi_s=9.00\text{V}$。一个质子

从 $x=16.0\text{cm}$ 的位置释放，质子的初始动能为 10.0eV。(1)初始时质子是沿着 x 轴负方向运动，问它以后的运动情况是怎样的(包括速度变化情况)？(2)粒子在各段运动时所受力的大小和方向是多少？

9.2.5　如图 9.2.2 所示，一只鸟停在一根 30000V 的高压输电线上，它是否会受到危害？为什么？

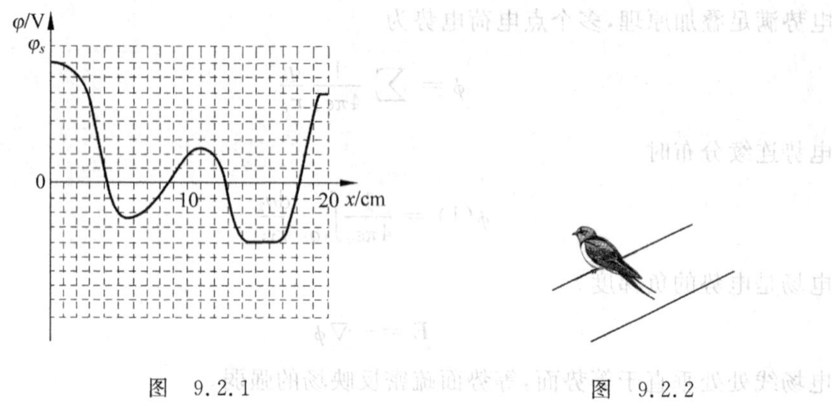

图　9.2.1　　　　图　9.2.2

3. 课堂完成作业

9.2.6　一段长度为 L 的直线段上均匀带有电荷，电荷线密度为 λ。求其附近某一点的电势。

4. 提高题目

9.2.7　如图 9.2.3 所示，六种不同的静电场分布(都是三维空间电场，图(a)表示空间多个电场线通过同一点；图(b)和图(d)是纸面内外分布均与纸面上分布相同；图(c)、图(f)和图(e)是以中间电场线为轴对称的)。假定图中没有电荷。问哪张图是合理的？为什么？

9.2.8　如图 9.2.4 所示，有人由电势叠加原理求得 P 点电势为

$$\varphi_P=\frac{q}{4\pi\varepsilon_0(a/2)}-\frac{\sigma}{2\varepsilon_0}\cdot\frac{a}{2}$$

对否？对应的电势零点选在哪里了？

9.2.9　两根无限长均匀带电线相距 $2a$，线电荷密度分别为 $\pm\lambda$，并平行于 z 轴放置(如图 9.2.5 所示是 x-y 平面)。试证明：

(1) 等势面为圆柱面；

(2) 电场线构成圆。

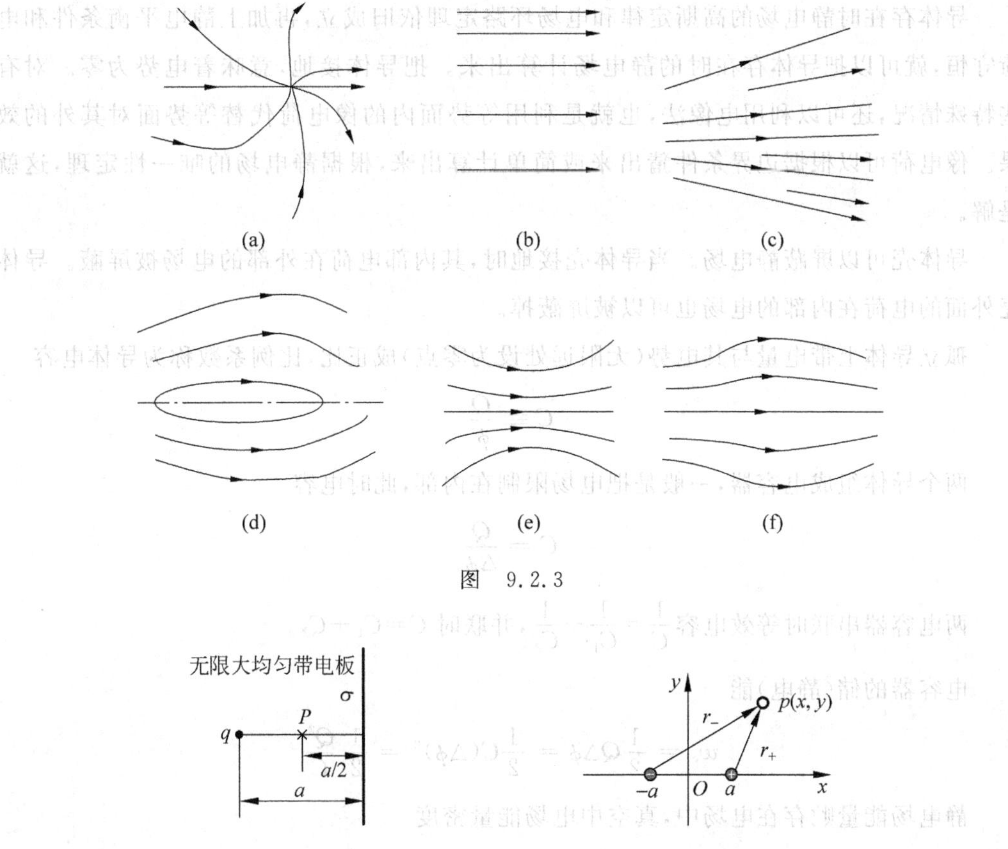

图 9.2.3

图 9.2.4　　图 9.2.5

9.2.10 求证：静电场没有电荷处，球面上电势的平均值等于球心处电势。

9.3 静电场中导体

1. 本节要点

导体中存在可自由移动的电子。达到静电平衡后，不再有定向移动的电荷了。

导体静电平衡的条件是导体内电场处处为零，导体是等势体，导体表面电场处处垂直于表面。根据高斯定律，导体内不能有净余电荷，电荷只能分布在表面。导体外表面电场与面电荷密度的关系

$$E_{表} = \frac{\sigma}{\varepsilon_0}$$

由于导体的等势条件，孤立导体表面，通常是曲率大的地方带电面密度大，凹进去的地方曲率是负，电荷面密度最小。

导体存在时静电场的高斯定律和电场环路定理依旧成立，再加上静电平衡条件和电荷守恒，就可以把导体存在时的静电场计算出来。把导体接地，意味着电势为零。对有些特殊情况，还可以利用电像法，也就是利用等势面内的像电荷代替等势面对其外的效果。像电荷可以根据边界条件猜出来或简单计算出来，根据静电场的唯一性定理，这就是解。

导体壳可以屏蔽静电场。当导体壳接地时，其内部电荷在外部的电场被屏蔽。导体壳外面的电荷在内部的电场也可以被屏蔽掉。

孤立导体上带电量与其电势（无限远处设为零点）成正比，比例系数称为导体电容

$$C \equiv \frac{Q}{\phi}$$

两个导体组成电容器，一般是把电场限制在内部，此时电容

$$C = \frac{Q}{\Delta\phi}$$

两电容器串联时等效电容$\frac{1}{C}=\frac{1}{C_1}+\frac{1}{C_2}$，并联时 $C=C_1+C_2$。

电容器的储（静电）能

$$w_e = \frac{1}{2}Q\Delta\phi = \frac{1}{2}C(\Delta\phi)^2 = \frac{1}{2}\frac{Q^2}{C}$$

静电场能量贮存在电场中，真空中电场能量密度

$$w_e = \frac{1}{2}\varepsilon_0 E^2$$

2. 基本题目

9.3.1 一块导体带上电荷以后，这导体的电势（　　）。

A. 表面尖凸的地方最大

B. 表面凹陷的地方最小

C. 内部比表面大

D. 整个体积内是常数

9.3.2 已知无限大均匀带电平面，面电荷密度为 σ，其两侧的场强大小为 $E=\frac{\sigma}{2\varepsilon_0}$。又已知静电平衡的导体表面某处面电荷密度为 σ，在表面外紧靠该处的场强等于 $E=\frac{\sigma}{\varepsilon_0}$。为什么前者比后者小一半？

9.3.3 导体球旁边放置一电荷，导体表面会有感应电荷产生，如图 9.3.1 所示。现在把导体球接地，导体表面是否还留有感应电荷？

9.3.4 如图 9.3.2 所示，带电量为 q、半径为 R_1 的导体球，球外同心地放置一个内、

外半径为 R_2、R_3 的金属球壳，同样带有电量 q。当内球接地时，内球的电荷是否都流入大地？怎么知道有多少留在球上？请把电势和电场随着距球心距离的变化画出来。

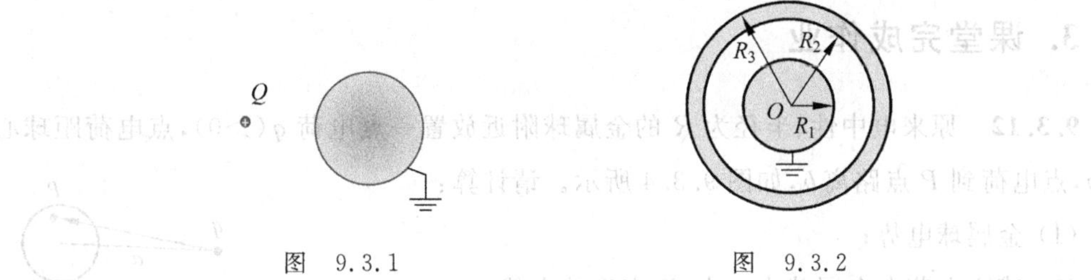

图 9.3.1　　　　图 9.3.2

9.3.5 接地导体壳内电荷分布变化对于导体壳外的电场有影响吗？若壳内电荷总量变化，对于导体壳外的电场会有影响吗？

9.3.6 半径为 10cm 的孤立带电导体球，电势为 10000V（无限远处电势设为零）。用手触摸是否会受到危害？为什么？

9.3.7 假设两个孤立的导体球半径分别是 a 和 b，$b>a$。若想让两球电势相等，面电荷密度哪个球的大？这个现象能否解释为什么孤立导体带电其表面上曲率大的地方面电荷密度大？

9.3.8 两块平行电容板相距 d，两个板带等量异号电荷。一块厚度为 $l<d$ 的金属板插入两板之间，并且和两板均不接触。在插入金属板后，这两块电容板的电势差会发生变化吗？变化大小与插入的金属板大小有关吗？

9.3.9 如图 9.3.3 所示，在金属球内有两个空腔，此金属球原来不带电。现在两空腔内中心处各放一点电荷 q_1，q_2，则此金属球上的电荷分布是什么样的？然后，在金属球外远处放一点电荷 $q(r\gg R)$，问 q_1，q_2，q 各受力多少？

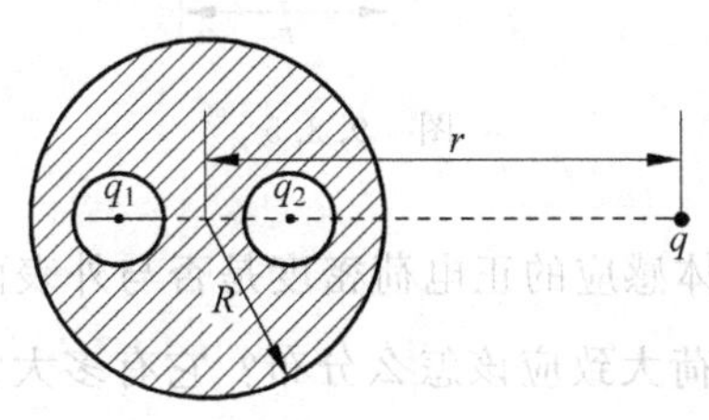

图 9.3.3

9.3.10 一平行板电容器面积 S，间距 d，带电 Q，当将两极板间距从 d 增加到 $2d$ 时，

(1) 如何计算电场能的变化 ΔW？

(2) 外力做功 A 呢？

(3) 功能转换关系？

(4) 若电容器与电源相连,前3问又如何?

9.3.11 电容器串联在一起时,它们有什么量相同?并联在一起时呢?

3. 课堂完成作业

9.3.12 原来电中性、半径为 R 的金属球附近放置一点电荷 $q(>0)$,点电荷距球心为 a,点电荷到 P 点路离 b,如图 9.3.4 所示。请计算:

(1) 金属球电势;

(2) 感应电荷在金属球内一点 P 产生的电势;

(3) 感应电荷在金属球内一点 P 产生的电场。

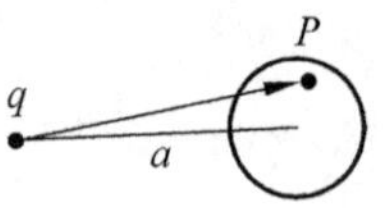

图 9.3.4

4. 提高题目

9.3.13 金属因为离子和电子之间的静电力(还有量子效应)形成固体形状,显然内部电场总要存在的,不然相互作用没有了,金属会解体。然而,在达到静电平衡时,我们又说导体内部电场处处为零,这到底是怎么一回事?

9.3.14 盛放液体的容器由于环境原因可能会带上静电。假设容器的外表面带有电荷面密度 σ 的负电荷。容器是半径为 r 的圆柱形绝缘体,内部液体高度为 h,如图 9.3.5 所示。因为内部液体可以导电,所以液体也会感应出正负电荷。[6]

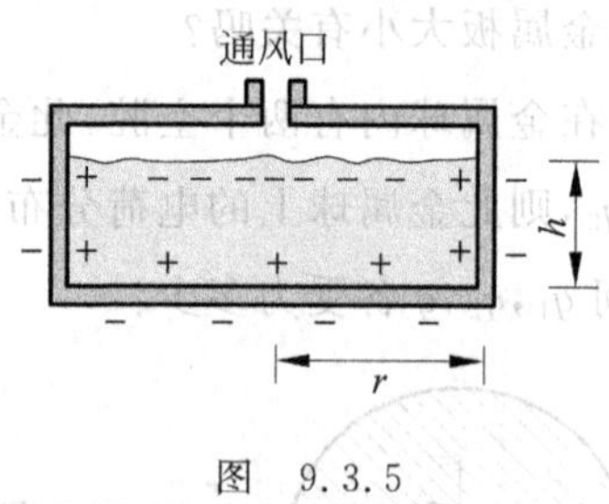

图 9.3.5

(a) 靠近容器内壁的液体感应的正电荷密度是否与外表面的相同?

(b) 液体中心处的负电荷大致应该怎么分布?它有多大?

(c) 大地到液体中心的电荷的电场线大致是什么样的?

9.3.15 我们通常所说,在静电场中导体上的电荷分布在导体表面上,但这不可能是真的一个几何面,实际情况必定是有一定厚度的表面。假设某种金属的传导电子的数密度为 8.49×10^{28} 个/m^3,现在这个板表面上深度 d 的电子都被电场力移走而带上正电。板外电场是 10000V/m,估算此时带电表面的厚度 d。

9.3.16 一接地的无限大厚导体板的一侧有一 L 长均匀带电直线垂直于导体板放置,带电直线的一端距板为 d,带电直线上线电荷密度为 λ,如图 9.3.6 所示。带电直线受到的静电力如何计算?

9.3.17　如图 9.3.7 所示,有一不带电的导体壳,里面为一个空心球。在距离空心球中心 a 处有一个点电荷 q。(1)如果 q 在球内移动,外表面电荷分布会改变吗?(2)如何计算球内电场?

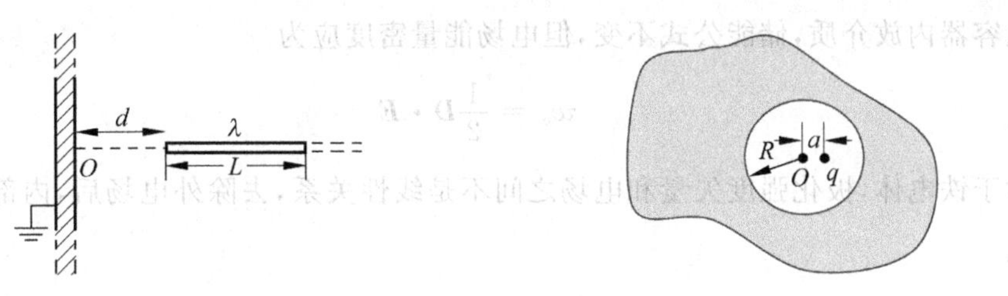

图　9.3.6　　　　图　9.3.7

9.4　静电场中电介质

1. 本节要点

电介质(绝缘体)对电场的影响,归因于分子电偶极矩。通常介质本身不产生电场。无极分子在外电场中产生位移极化,有极分子在外电场中产生取向极化,极化的分子电偶极矩可以产生电场。极化的强弱用极化强度矢量 $\boldsymbol{P}$ 表示,是单位体积内电偶极矩,除以分子数密度就是单个分子的平均电偶极矩 $\boldsymbol{p}=\boldsymbol{P}/N$。

极化不均匀或者平均电偶极矩分布不均匀时,有可能在局域产生极化电荷分布。在闭合曲面内极化电荷为

$$q' = -\oint\!\!\oint_S \boldsymbol{P}\cdot \mathrm{d}\boldsymbol{S}$$

表面上极化电荷面密度

$$\sigma' = \boldsymbol{P}\cdot\hat{\boldsymbol{n}}$$

在电介质中,极化电荷完全等效电介质的影响。

电位移矢量 $\boldsymbol{D}$

$$\boldsymbol{D} = \varepsilon_0\boldsymbol{E} + \boldsymbol{P},\quad \oint\!\!\oint_S \boldsymbol{D}\cdot\mathrm{d}\boldsymbol{S} = \sum_i q_{0i}$$

对于各向同性线性介质

$$\boldsymbol{D} = \varepsilon_0\varepsilon_r\boldsymbol{E},\quad \boldsymbol{P} = \varepsilon_0(\varepsilon_r - 1)\boldsymbol{E} = \left(1 - \frac{1}{\varepsilon_r}\right)\boldsymbol{D}$$

因此在这种介质里面,如果没有自由电荷分布,也一定不会有极化电荷分布。由于

D 的高斯定理不包含极化电荷或者束缚电荷，所以用起来更方便。

利用 D 的高斯定理和 E 的环路定理，容易证明，在介质边界上

$$D_{1n} - D_{2n} = \sigma_0$$

$$E_{1t} = E_{2t}$$

电容器内放介质，储能公式不变，但电场能量密度应为

$$w_e = \frac{1}{2}\boldsymbol{D} \cdot \boldsymbol{E}$$

对于铁电体，极化强度矢量和电场之间不是线性关系，去除外电场后，内部仍可以保留极化。

2. 基本题目

9.4.1 如图 9.4.1 所示情形，选球面 S 为高斯面，则

$$\int_S \boldsymbol{D} \cdot \mathrm{d}\boldsymbol{S} = q$$

对否？由此是否可以得到

$$D \cdot 4\pi r^2 = q$$

进而计算出 D 和电场 E？

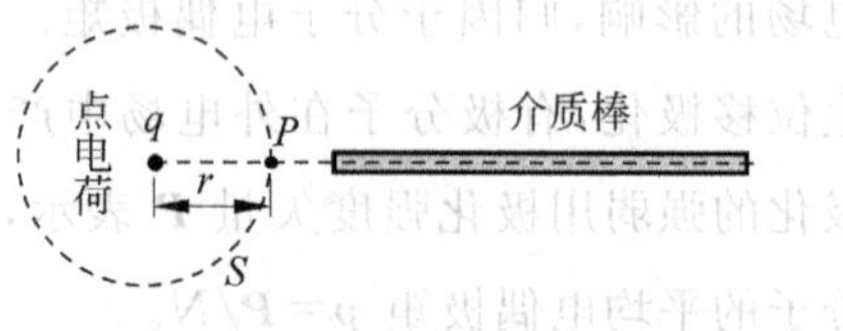

图 9.4.1

9.4.2 为什么说考虑了极化电荷，就不必再考虑介质的存在？

9.4.3 有两块平行放置的均匀带电大金属平板，电荷分别为 $+Q$，$-Q$，如图 9.4.2 所示，在两平板之间充填两种均匀各向同性的电介质，它们的相对介电常数分别为 ε_{r1}，ε_{r2}。对两种情况，问：

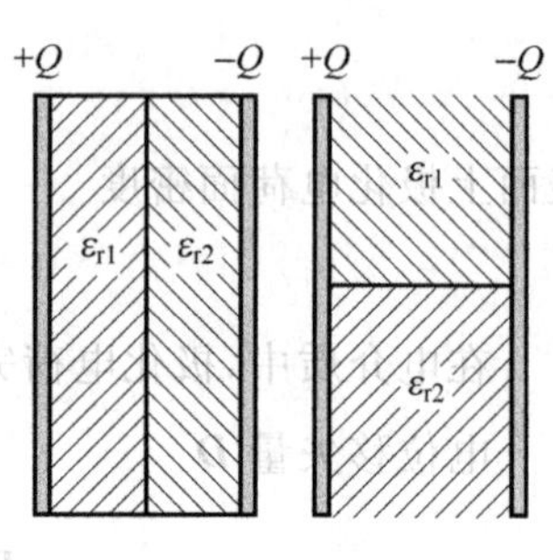

图 9.4.2

(1) 两个介质中电场是否相同？

(2) 极化强度矢量 $\boldsymbol{P}$ 呢？

(3) 电位移矢量 $\boldsymbol{D}$ 呢？

(4) 介质内部会出现极化电荷吗？介质界面呢？

(5) 界面上面电荷密度怎么计算？

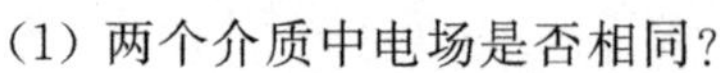

9.4.4 在一静电场中放置一块均匀的各向同性线性电介质，不带电，则(　　)。

A. 电介质极化有可能不均匀，电介质内部有可能有极化电荷

B. 电介质极化有可能不均匀，电介质内部不会有极化电荷

C. 电介质会均匀极化，电介质内部不会有极化电荷

D. 电介质会均匀极化，电介质内部有可能有极化电荷

E. 以上结论都不定，需要提供电介质形状等参量

9.4.5 一电介质插入电容器板之间，然后对整体充电后，断开电源再移走该电介质。移走电介质过程（　　）。

A. 外力做正功，电容器储能变大

B. 外力做正功，电容器储能变小

C. 外力做负功，电容器储能变大

D. 外力做负功，电容器储能变小

9.4.6 一平行板电容器两板间连接一恒定电势差为V的电源。在电源联通的情况下，一个玻璃板插入两板之间。在这个过程（　　）。

A. 外力做正功，电容器储能变大

B. 外力做正功，电容器储能变小

C. 外力做负功，电容器储能变大

D. 外力做负功，电容器储能变小

3. 课堂完成作业

9.4.7 图9.4.3是一个平行板电容器。已知极板的大小为$A=9.50\text{cm}^2$，两极板之间的距离为$2d=5.12\text{mm}$，右上充有介电常数为$\varepsilon_{r1}=11.0$的电介质，右下介质的介电常数为$\varepsilon_{r2}=23.0$，左半边介质的介电常数的$\varepsilon_{r3}=47.0$。假设电容器两端加上电压$U=110\text{V}$，求：

(1) 极板上电荷分布。

(2) 计算电介质各个界面上的极化电荷面密度。

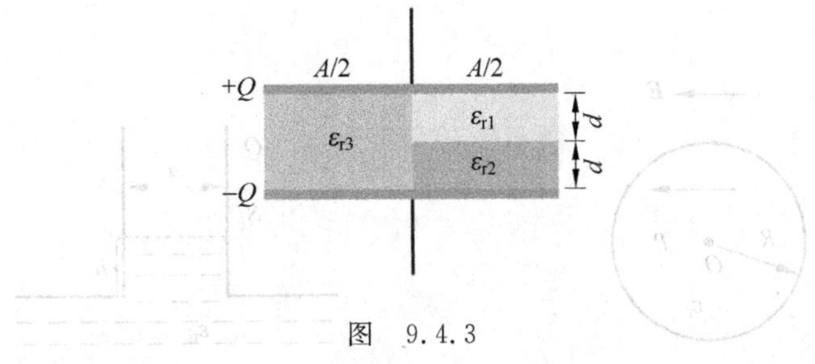

图 9.4.3

4. 提高题目

9.4.8 如何利用电位移矢量 $\boldsymbol{D}$ 的高斯定理，计算点电荷（处于介电常数已知的电介质中）周围的极化电荷？

9.4.9 假设让一个均匀的各向同性线性介质球(介电常数已知)均匀带上自由电荷，则电场分布如何计算？

9.4.10 如图 9.4.4 所示，两个带电介质球，均匀带电，体电荷密度大小为 ρ，但是一个正一个负。假设可以不考虑极化电荷分布且介质可以重叠，则两球重叠区域的电场是均匀的(前面做过讨论)。这个结果对下面几个问题的解决有直接帮助。

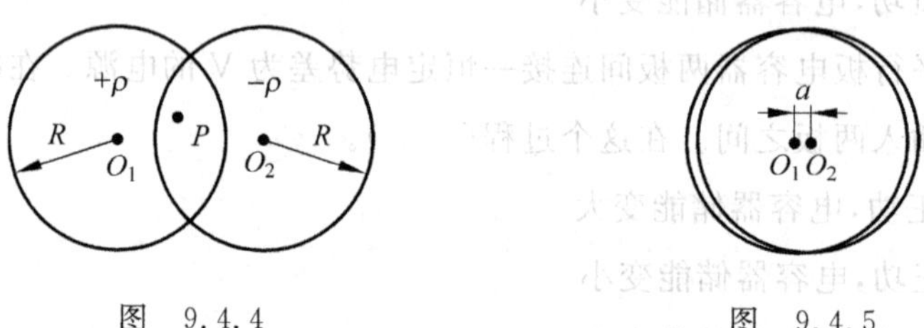

图 9.4.4　　图 9.4.5

(1) 如图 9.4.5 所示，假设两球相互靠近，几乎重叠，球心之间的距离 $a \ll R$，求此时它们构成的球的表面面电荷密度为多少？

(2) 如果将一个半径为 $\boldsymbol{R}$ 的导体球放入匀强电场为 $\boldsymbol{E}$ 的外场中，如何计算导体外电场？

(3) 在(2)基础上，若将导体球改为可以均匀极化的介质球，介电常数为 ε_r。如图 9.4.6 所示，此时的介质球的表面面电荷密度，以及介质内外的电场分布如何计算？

9.4.11 有一个平行板电容器竖直插在油里，具体参数如图 9.4.7 所示。两板间距 d，面积 S，带电量 Q 等。利用静电场能量讨论液体是否会上升，为什么？上升高度是由什么决定的？

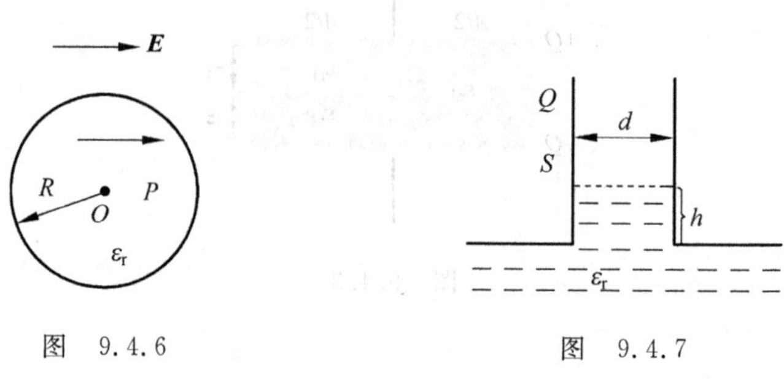

图 9.4.6　　图 9.4.7

9.4.12 如果一静电系统(包含各向同性线性电介质)的所有自由电荷都分散到无限远处,此系统静电能是不是变为零? 静电能公式 $W=\frac{1}{2}\sum_i q_i\phi_i$ 里的电荷包不包含极化电荷? 为什么?

9.5 稳恒电流

1. 本节要点

电流密度与电荷定向移动速度或漂移速度的关系

$$\boldsymbol{j}=nq\boldsymbol{v}$$

通过曲面 S 的电流

$$I=\iint_s \boldsymbol{j}\cdot \mathrm{d}\boldsymbol{S}$$

电荷守恒方程

$$\oint\!\!\!\oint_s \boldsymbol{j}\cdot \mathrm{d}\boldsymbol{S}=-\frac{\mathrm{d}q_{内}}{\mathrm{d}t}$$

微分形式

$$\nabla\cdot\boldsymbol{j}+\frac{\partial\rho}{\partial t}=0$$

稳恒电流条件

$$\iint_s \boldsymbol{j}\cdot \mathrm{d}\boldsymbol{S}=0$$

因此,稳恒电流电路中,各处电荷分布不变。电路闭合,电路电流连续等。

稳恒电流条件可以容易推得基尔霍夫第一定律:电路节点处,流入电流和等于流出电流和。

为了维持电流,需要外能量输入,也就是电池驱动。电池是靠非静电力对电荷做功,对单位电荷做的功称为电动势

$$\varepsilon=\int_{-}^{+}\boldsymbol{E}_{\mathrm{k}}\cdot \mathrm{d}\boldsymbol{l}=\oint_L \boldsymbol{E}_{\mathrm{k}}\cdot \mathrm{d}\boldsymbol{l}$$

稳恒电流电路中电场实际是静电场,与电流密度的关系称为欧姆定律的微分形式

$$\boldsymbol{j}=\sigma\boldsymbol{E}$$

考虑非静电场

$$\boldsymbol{j}=\sigma(\boldsymbol{E}+\boldsymbol{E}_{\mathrm{k}})$$

稳恒电场满足静电场规律。静电场高斯定律结合稳恒电流条件，容易得知，电路中均匀导体内不会有电荷积累，电荷只会分布在不同材料的界面以及表面。也有电势差的概念，通常用电势降或电压。静电场环路定理的直接表现，就是基尔霍夫第二定理：稳恒电路中沿任何闭合回路一周的电势降落的代数和等于零，即

$$\sum(\pm)IR+\sum(\pm)\varepsilon=0$$

与静电场情况不同的是，导体内不是静电平衡，所以电场不再是零。

电流的经典微观图像给出，电阻来源于电子与导体内晶格、缺陷和电子等碰撞。假设平均碰撞时间 τ，$\sigma=\frac{nq^2\tau}{m}$，当电流随时间变化时，假如满足似稳条件 $\tau\gg l/c$，基尔霍夫第一、二定理仍适用，只是在电容处，基尔霍夫第一定理不成立，因为有电荷积累。

电容充电过程，电荷量不能突变，但电流可以突变。无论充放电都有：

$$i=\dot{q}=\frac{\varepsilon}{R}\mathrm{e}^{-t/\tau},\quad t\geqslant 0$$

2. 基本题目

9.5.1 静电场和稳恒电场（有稳恒电流时的电场）有区别吗？

9.5.2 一简单电路包含电阻 R，电压为 V_0 的电容 C 和一个开关。开关先是断开然后闭合。开关闭合瞬间，电路中的电流是多少？如图 9.5.1 所示，取一闭合曲面 S 包围电容器，则通过闭合曲面的电流为多少？这个结果是不是说这个电路的电流就是稳恒电流？

9.5.3 电压与电动势的差异是什么？如图 9.5.2 所示，计算 U_{ab}。

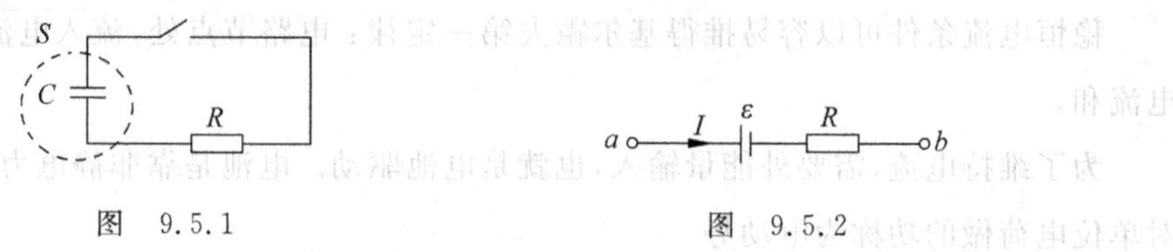

图 9.5.1　　　　图 9.5.2

9.5.4 如图 9.5.3 所示，电路中的电灯泡是相同的。当开关闭合时，灯泡亮度会有哪些变化？

9.5.5 一根高压输电线被飓风吹断，一端触及地面，从而使 100A 的电流由触地点流入地内。设土地电阻率为 5.0Ω·m。一人走近输电线接地端，左脚距该端 1.0m，右脚距该端 1.3m。那么他两脚间的电压为多少？是否会发生危险？

3. 课堂完成作业

9.5.6 如图 9.5.4 所示，直径 $D=4.00\text{mm}$ 的铜导线和铝导线连接。假设 1mA 电流在导线横截面上均匀分布。已知铜导线单位体积内载流子的数密度为 $8.49\times10^{28}\text{m}^{-3}$，电阻率 $1.69\times10^{-8}\Omega\cdot\text{m}$；铝导线单位体积内载流子的数密度为 $1.81\times10^{29}\text{m}^{-3}$，电阻率 $2.83\times10^{-8}\Omega\cdot\text{m}$。求：

(1) 两导线内传导电子的漂移速度；

(2) 连接处电荷面密度。

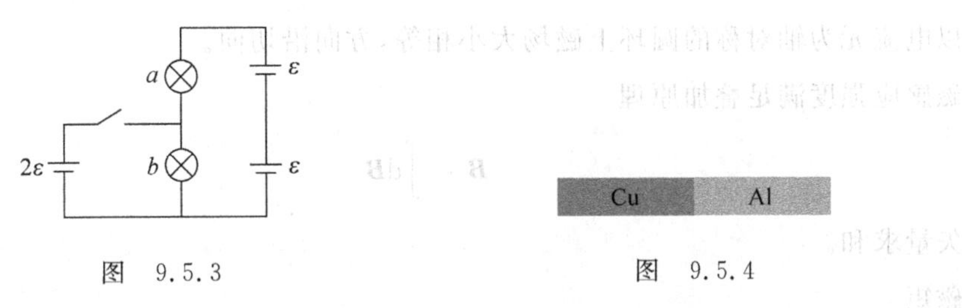

图 9.5.3　　图 9.5.4

4. 提高题目

9.5.7 温度上升时，通常导体的电阻是上升还是下降？为什么？

9.5.8 如图 9.5.5 所示，设大地为导体，电导率为 σ_g，相距为 b 的两电极 A 和 B 在大地上，其中 $U_{AB}=V$，若 A 和 B 为半径为 a 的铜球，且一半埋在地下（设铜的电导率为无穷大），求大地内电场分布？

9.5.9 如图 9.5.6 所示，有一球形电容器，开始时内、外球分别带电为 q_0 和 $-q_0$。中间填满介质，相对介电常数为 ε_r，由于介质漏电，电阻率为 ρ。求：介质中电场随时间 t 的变化规律 $E(t)$。

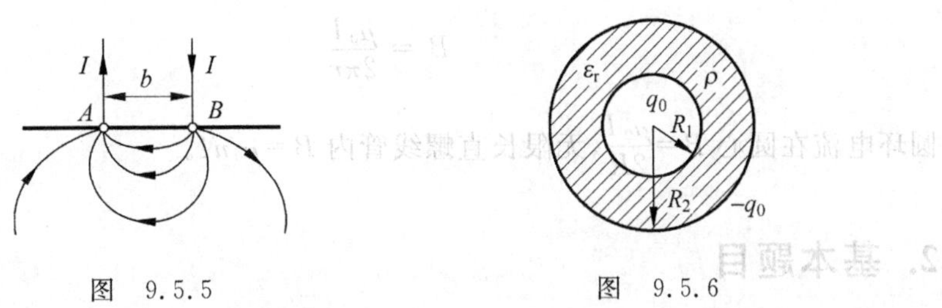

图 9.5.5　　图 9.5.6

9.5.10 由于电流的热效应，对电流密度有上限要求。对铜导线限制：粗导线电流密度小于 6A/mm^2，而细导线电流密度小于 15A/mm^2。为什么有这种差异呢？

9.6 静磁场

1. 本节要点

磁场是运动电荷产生的。

电流是电荷定向移动,会产生磁场。电流元磁场,毕奥-萨伐尔-拉普拉斯定律

$$\mathrm{d}\boldsymbol{B}=\frac{\mu_0 I\mathrm{d}\boldsymbol{l}\times\hat{\boldsymbol{r}}}{4\pi r^2}$$

以电流元为轴对称的圆环上磁场大小相等,方向沿切向。

磁感应强度满足叠加原理

$$\boldsymbol{B}=\int\mathrm{d}\boldsymbol{B}$$

这是矢量求和。

磁矩

$$\boldsymbol{m}=I\boldsymbol{S}$$

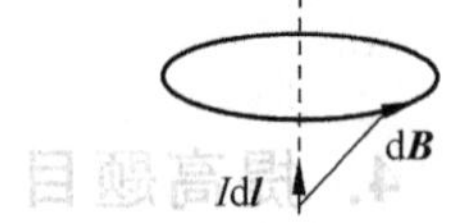
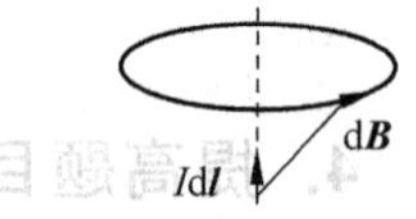

图 9.6.1

磁矩磁场

$$\boldsymbol{B}=\frac{\mu_0}{4\pi r^3}[-\boldsymbol{m}+3(\boldsymbol{m}\cdot\hat{\boldsymbol{r}})\hat{\boldsymbol{r}}]$$

磁场高斯定理

$$\oiint_S\boldsymbol{B}\cdot\mathrm{d}\boldsymbol{S}=0$$

磁场安培环路定理

$$\oint_L\boldsymbol{B}\cdot\mathrm{d}\boldsymbol{l}=\mu_0\sum_i I_{i内}$$

对于对称分布电流情况,如果能把电流从环路积分号下提出来,就可以利用环路定理计算磁感应强度。例如,无限长直电流周围磁感应强度

$$B=\frac{\mu_0 I}{2\pi r}$$

圆环电流在圆心 $B=\frac{\mu_0 I}{2R}$,无限长直螺线管内 $B=\mu_0 nI$。

2. 基本题目

9.6.1 证明不存在球对称辐射状磁场:$\boldsymbol{B}=f(r)\hat{\boldsymbol{r}}$。

9.6.2 如图 9.5.6 所示,有一球形电容器,开始时内、外球分别带电为 q_0 和 $-q_0$。

中间填满均匀介质，但介质漏电，问漏电流能产生磁场吗？

9.6.3 半径为 R 的球放置于电流回路附近。球面上的磁感应强度 B 处处不为零，则通过球面的磁场通量为多少？需要知道磁感应强度的具体分布情况吗？

9.6.4 图 9.6.2 是由直导线和同心的圆弧（1/4 弧或 1/2 弧，半径为 r 或 $2r$ 或 $3r$）组成的封闭电路。三个电路中的电流相同，请按照中心处（实心点）感应磁场的大小从大到小的顺序给三个电路排序。

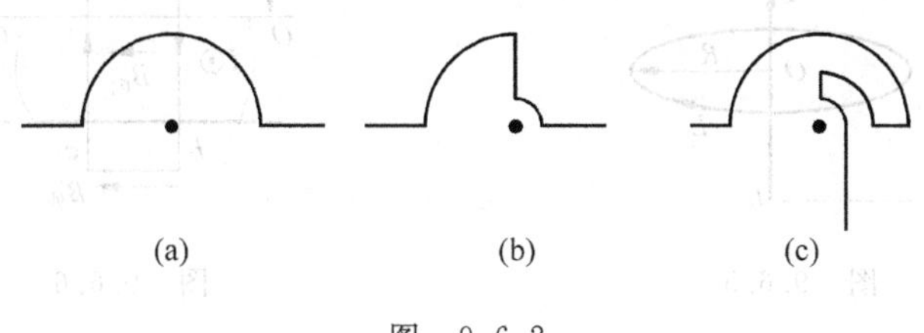

图 9.6.2

9.6.5 如图 9.6.3 所示，各环路上磁场的环量如何？L_1 上的磁场与 I_2 有关吗？

9.6.6 长直导线 aa' 与一半径为 R 的导体圆环相切于 a 点，另一长直导线 bb' 沿半径方向与圆环相接于 b 点，如图 9.6.4 所示。现有稳恒电流 I 从 a 点流入而从 b 点流出。

(1) aa' 长直导线电流在圆环中心 O 点产生的磁感应强度如何计算？

(2) 计算 $\boldsymbol{B}$ 沿图 9.6.4 中所示的闭合路径 L 的环路积分时，哪些电流可以当作套链的？请一一列举。

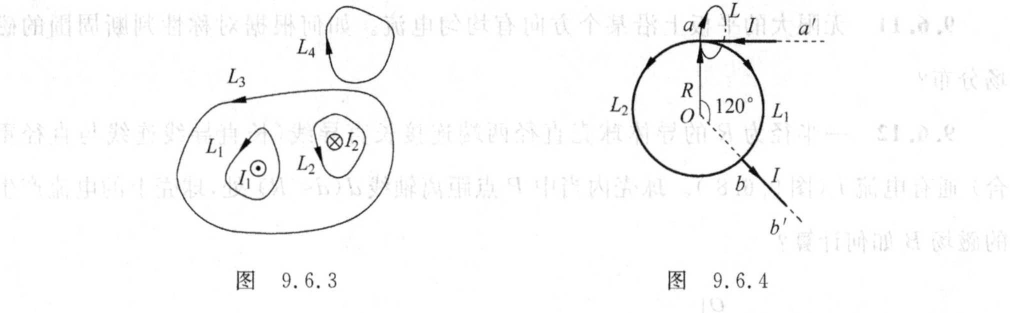

图 9.6.3　　图 9.6.4

9.6.7 设 ab 为闭合电流 I 中的一段直线电流，长为 $2R$。取半径为 R、圆心为 ab 的中点 O 且垂直于 ab 的圆为回路 L，如图 9.6.5 所示。有人用安培环路定理求 L 上各点的 B：

$$\oint_L \boldsymbol{B} \cdot \mathrm{d}\boldsymbol{l} = \mu_0 I \rightarrow B2\pi R = \mu_0 I$$

所以 $B=\dfrac{\mu_0 I}{2\pi R}$ 对不对？

3. 课堂完成作业

9.6.8 如图 9.6.5 所示，若一段直线电流 ab 产生的磁感应强度为 $\boldsymbol{B}$，计算其沿环路

L(圆面垂直导线,圆心在导线中点)的积分。此积分是否为$\mu_0 I$?

9.6.9 有一厚$2h$的无限大导体平板,其内有均匀电流平行于表面流动,电流密度为$\boldsymbol{i}$,如图9.6.6所示。如何求空间的磁感应强度的分布?

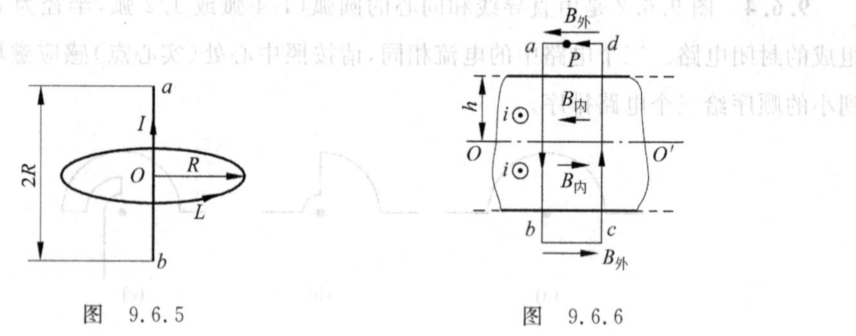

图 9.6.5　　图 9.6.6

4. 提高题目

9.6.10 有一个半径为R的"无限长"半圆柱面导体,沿轴方向的电流I在柱面上均匀地流动。如图9.6.7所示。

试求:(1) 半圆柱直径面(半圆直径和轴构成的平面)上磁通量为何?

(2) 半圆柱面导体轴线OO'上的磁感应强度。

9.6.11 无限大的平板上沿某个方向有均匀电流。如何根据对称性判断周围的磁场分布?

9.6.12 一半径为R的导体球壳直径两端连接长直导线(长直导线连线与直径重合)通有电流I(图9.6.8)。球壳内当中P点距离轴线$d(d<R)$处,球壳上的电流产生的磁场B如何计算?

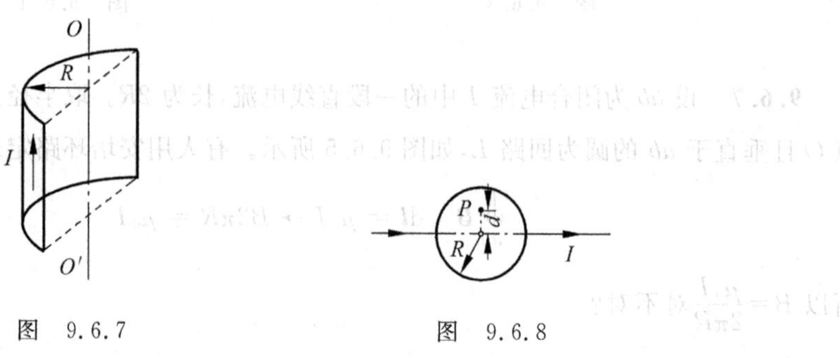

图 9.6.7　　图 9.6.8

9.6.13 你认为地磁的来源可能会是什么?

9.7 磁力

1. 本节要点

运动电荷在磁场中受力

$$f = q\boldsymbol{E} + q\boldsymbol{v} \times \boldsymbol{B}$$

电场和磁场的相对性：假设一带电粒子在只有磁场的空间运动。某个瞬间选择一个参考系速度与电荷运动速度相同，此参考系上洛伦兹力消失，但在另一个惯性系显然洛伦兹力还存在。不同惯性系中物理结果应相同，逻辑上应该是在电荷静止的惯性系上电荷一定还是受力，但受电场力。这就表示，磁场在另一个惯性系可以变成电场(磁场可能还在)。同样的逻辑，电场在另一个惯性系可以变成磁场(电场可能还在)。也就是，惯性系变换可以使电场-磁场互相变换。

磁场中的导体通有电流，则在垂直于电流和磁场方向产生霍尔电压

$$U_{\mathrm{H}} = \frac{IB}{nbq} = K_{\mathrm{H}}\frac{IB}{b}$$

霍尔系数

$$K_{\mathrm{H}} = \frac{1}{nq}$$

霍尔电阻

$$R_{\mathrm{H}} = \frac{U_{\mathrm{H}}}{I} = \frac{B}{nqb} \propto B$$

霍尔效应可以用来测量磁感应强度，载流子电荷的正负。

电流元在磁场受力 $\mathrm{d}\boldsymbol{F}=I\mathrm{d}\boldsymbol{l}\times\boldsymbol{B}$，这个力称为安培力，本质是洛伦兹力。

磁矩在磁场受到力矩 $\boldsymbol{M}=\boldsymbol{m}\times\boldsymbol{B}$，受力 $\boldsymbol{F}=\boldsymbol{m}\cdot\nabla\boldsymbol{B}$。

2. 基本题目

9.7.1 一带电粒子在远处加速后以速率 v 接近长直电流线。假设粒子速度方向刚好指向导线上某一点。粒子的运动路径是(　　)。

A. 抛弧线　　B. 圆形　　C. 螺旋线　　D. 直线

E. 非圆形曲线

9.7.2 为什么会有极光？(北极和南极夜空，有时会因为大气层发光而被照亮。)

9.7.3 两个任意形状的导体回路，通有电流。假设让某个回路中的电流方向反向，则作用于另一个回路的磁力如何变化？如果只是两个回路的电流大小都加倍，磁力又如

何变化？

9.7.4 容器内装有 $CuSO_4$ 溶液，电流通过这个溶液。假设在垂直于电流方向加上磁场，如图 9.7.1 所示。此时是否可以观察到霍尔效应？为什么？可能观察到什么现象？

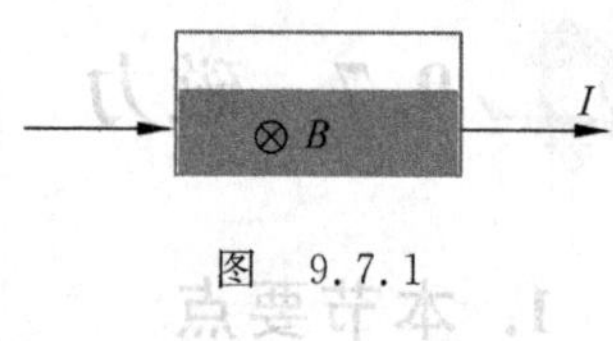

图 9.7.1

9.7.5 一个通有电流的矩形线圈放置于均匀磁场中。那么线圈将会受到(　　)。

A. 只受合力，不受合力矩

B. 只受合力矩，不受合力

C. 既受合力，也受合力矩

D. 既没有合力也没有合力矩

9.7.6 在长直导线附近有一圆线圈，圆面平行长直导线，但不共面，如图 9.7.2 所示。请定性分析载流线圈所受的磁力及其从静止开始的运动。

3. 课堂完成作业

9.7.7 如图 9.7.3 所示的线圈通有大小为 $i=1.00\text{mA}$ 的电流，线圈所在平面与 xy 平面平行，圈数为 2，线圈面积为 $3.00\times10^{-3}\text{m}^2$，磁场的磁感应强度为 $\boldsymbol{B}=(-1.00\boldsymbol{i}+2.00\boldsymbol{j}-3.00\boldsymbol{k})\text{mT}$。求：

(1) 线圈在磁场中的势能；

(2) 线圈受到磁场的力矩。

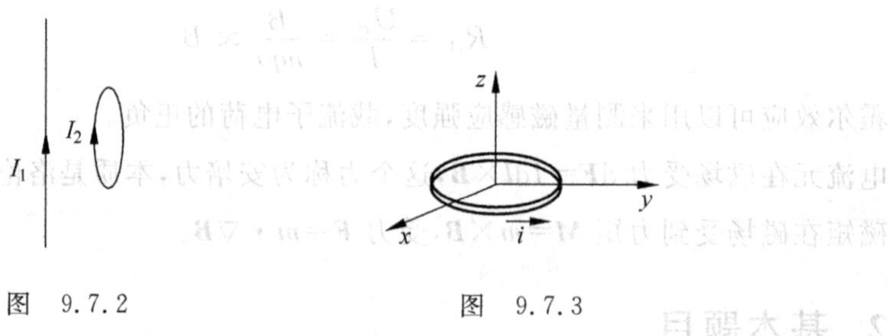

图 9.7.2　　图 9.7.3

9.7.8 如图 9.7.4 所示，一个正方体的导体以 $\boldsymbol{v}=(1.0\text{m/s})\boldsymbol{i}$ 的恒定速度穿过磁场大小 $\boldsymbol{B}=(-2.0\text{mT})\boldsymbol{j}$ 的区域。正方体的边长为 10.0cm。求：

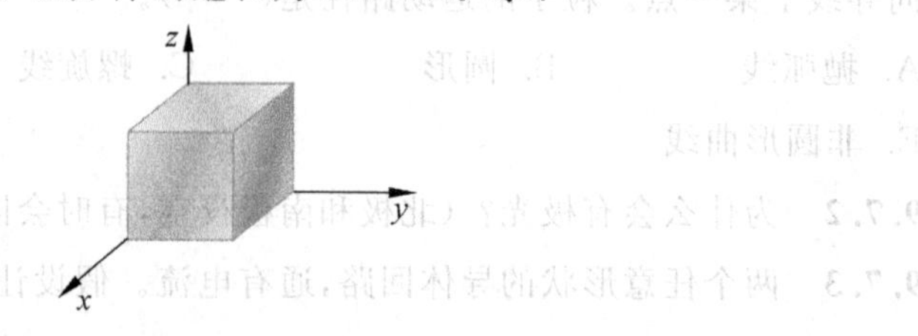

图 9.7.4

（1）导体内部的电场；

（2）导体两两相对的表面间的电势差。

4. 提高课题

9.7.9　现有一个长为 L 的圆柱面，半径为 R，$L \gg R$，其面电流密度 j 均匀，如图 9.7.5 所示。

（1）电流如何计算？

（2）根据电流分布的对称性(不用毕奥-萨伐尔-拉普拉斯定律)判断磁场的特性。

（3）利用环路定律如何求磁场？

（4）试计算圆柱面上的磁场。

（5）两个半圆柱面之间的相互作用力？

9.7.10　将一个电流均匀分布的“无限大”载流平面放入一个均匀磁场中，放入后磁场，如图 9.7.6 所示(“×”表示面电流方向)。平面两侧的磁感应强度分别为 $\boldsymbol{B}_1$ 和 $\boldsymbol{B}_2$，它们都与载流平面平行，并与电流垂直。试求：载流平面上单位面积所受的磁力的大小。

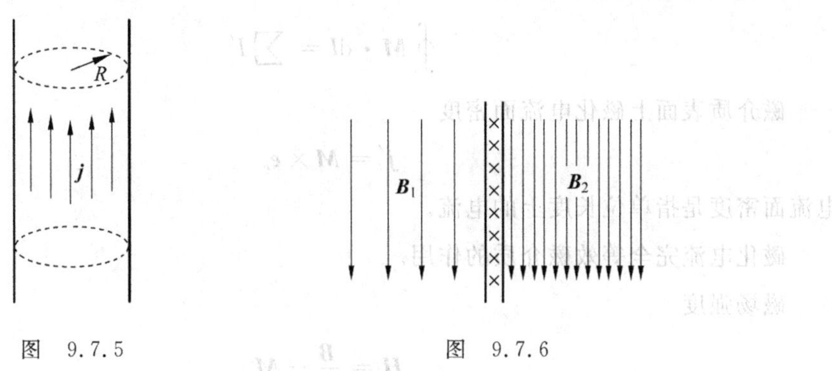

图　9.7.5　　　　图　9.7.6

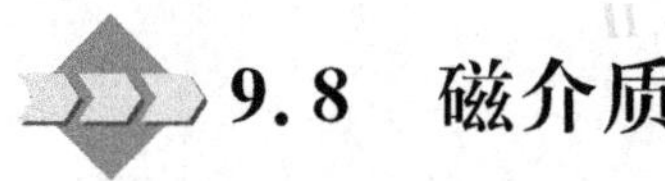

9.8　磁介质

1. 本节要点

磁介质对磁场的影响主要是通过分子磁矩或者安培的分子电流。分子磁矩是由电子磁矩和核磁矩合成。磁矩与粒子角动量成正比，对于电子轨道磁矩

$$m = -\frac{e}{2m_e}\boldsymbol{L}$$

自旋磁矩

$$\boldsymbol{m} = -\frac{e}{m_e}\boldsymbol{S}$$

质子和中子同样有自旋磁矩,质子还有轨道磁矩,共同合成核磁矩。因为磁矩因子与粒子质量成反比,所以通常电子磁矩起主要作用。

根据磁介质的影响力,分为线性磁介质和铁磁介质。线性介质有两种:分子磁矩不为零的顺磁质,分子磁矩为零的抗磁质。顺磁质在磁场中,其分子磁矩(没有磁场时各向同性无规指向,不显磁性)受到磁场力矩作用,倾向于沿磁场方向顺排,微微增强原来的磁场。而抗磁质虽然分子磁矩为零,但各个电子磁矩并不为零,它们在磁场作用下作拉莫尔进动,并沿外磁场反向额外产生抗磁矩,并微微减弱原来的磁场。

磁介质的磁化特性用磁化强度矢量描述

$$\boldsymbol{M} = \lim_{\Delta V \to 0} \frac{\sum_i \boldsymbol{m}_i}{\Delta V}$$

分子平均磁矩为

$$\boldsymbol{m}_{平均} = i_{平均}\boldsymbol{S}_{平均} = \boldsymbol{M}/n$$

磁化电流与磁化强度矢量

$$\oint_L \boldsymbol{M} \cdot \mathrm{d}\boldsymbol{l} = \sum I'$$

磁介质表面上磁化电流面密度

$$\boldsymbol{j}'_s = \boldsymbol{M} \times \boldsymbol{e}_n$$

电流面密度是指单位长度上的电流。

磁化电流完全等效磁介质的作用。

磁场强度

$$\boldsymbol{H} = \frac{\boldsymbol{B}}{\mu_0} - \boldsymbol{M}$$

对于各向同性线性磁介质

$$\boldsymbol{M} = \chi_m \boldsymbol{H} = (\mu_r - 1)\boldsymbol{H}, \quad \boldsymbol{B} = \mu_0 \mu_r \boldsymbol{H}$$

顺磁质磁导率 μ_r 比 1 大一点,抗磁质比 1 小一点。

此时磁场的环路定理

$$\oint \boldsymbol{H} \cdot \mathrm{d}\boldsymbol{l} = \sum I_0$$

显然,对于各向同性线性磁介质,没有传导电流处,也不会有磁化电流。这里不包含磁化电流,所以在磁介质情形,用起来更方便。

磁介质界面上,如果没有传导电流,则容易得到磁感应强度法向分量连续,而磁场强度切向分量连续。

铁磁介质中存在磁畴,就是电子磁矩一起顺排的区域,大小在微米量级或更大。

铁磁是相，超过相变温度(居里点)，铁磁质就会转变成顺磁质。没有外加磁场时，磁畴一般无规取向，不显磁性。加上磁场后，会产生远大于外场的磁场，这个过程一般不可逆，所以有磁滞回线。铁磁体内，磁感应强度或磁场强度与磁化强度矢量一般不成正比。

在铁磁体可以构成回路，磁场一般限制在里面。如果在铁磁体回路中，去掉一小块铁磁体，留出气隙，此时气隙处磁感应强度与铁磁体内的基本相同，但磁场强度远远大于铁磁体内部的磁场强度。应用磁场强度环路定理时，只考虑气隙处的积分贡献是很好的近似。

2. 基本题目

9.8.1 下面的几种说法是否正确，说明理由。

(1) $\boldsymbol{H}$ 仅与传导电流(自由电流)有关；

(2) 在抗磁质与顺磁质中，$\boldsymbol{B}$ 总与 $\boldsymbol{H}$ 同向；

(3) 通过以闭合曲线 L 为边线的任意曲面的 $\boldsymbol{B}$ 通量均相等；

(4) 通过以闭合曲线 L 为边线的任意曲面的 $\boldsymbol{H}$ 通量均相等。

9.8.2 顺磁质和抗磁质在分子层次上的区别是什么？顺磁质和铁磁质的磁导率明显地依赖于温度，而抗磁质的磁导率则几乎与温度无关，为什么？

9.8.3 考虑一个闭合曲面包围铁磁棒的一个磁极(有部分曲面通过铁磁棒)。通过该闭合面的磁通量是多少？

9.8.4 一半径为 R 的长薄壁金属圆筒，其上沿轴向均匀流有传导电流 I_0，筒的外壁紧包着一层均匀的各向同性磁介质圆柱壳，壳层厚度为 d，介质的相对磁导率为 $\mu_r(\mu_r>1)$。

如何计算空间各区的 $\boldsymbol{B}$ 及磁介质的磁化电流。

9.8.5 变压器的铁芯为什么总做成片状的再摞在一起，而且片之间涂上绝缘漆相互隔开？铁片放置的方向应和线圈中磁场的方向有什么关系？

9.8.6 (1) 如图 9.8.1(a)所示，电磁铁的气隙很窄，气隙中的 B 和铁芯中的 B 是否相同？

(2) 如图 9.8.1(b)所示，电磁铁的气隙较宽一些，气隙中的 B 和铁芯中的 B 是否相同？

9.8.7 一块永磁体落到地板上就可能部分退磁？为什么？把一根铁条南北放置，敲它几下，就可能轻微磁化，又为什么？

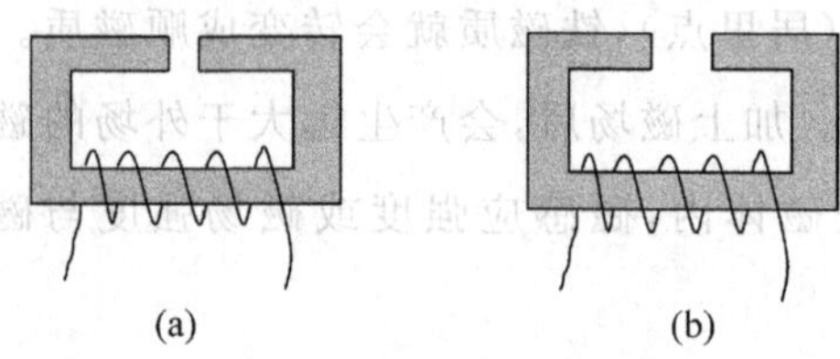

图 9.8.1

3. 课堂完成作业

9.8.8 一半径为 R 的长的铁磁介质圆柱体沿轴向均匀磁化，磁化强度 M，圆柱体内磁感应强度如何计算？如果这是薄的圆柱片，厚度 δ，同样沿轴向均匀磁化，物体中心的磁感应强度又如何计算？

4. 提高题目

9.8.9 在一静磁场中放置一块均匀的各向同性线性磁介质，没有电流，则（ ）。

A. 磁介质磁化有可能不均匀，磁介质内部有可能有磁化电流

B. 磁介质磁化有可能不均匀，磁介质内部不会有磁化电流

C. 磁介质会均匀磁化，磁介质内部不会有磁化电流

D. 磁介质会均匀磁化，磁介质内部有可能有磁化电流

E. 以上结论都不定，需要提供磁介质形状等参量

9.8.10 将磁介质样品装入试管中，用弹簧吊起来挂到一竖直螺线管的上端开口处，如图 9.8.2 所示。当螺线管通电流后，则可发现随样品的不同，它可能受到该处不均匀磁场的向上或向下的磁力。这是一种区分样品是顺磁质还是抗磁质的精细的实验。受到向上的磁力的样品是顺磁质还是抗磁质？

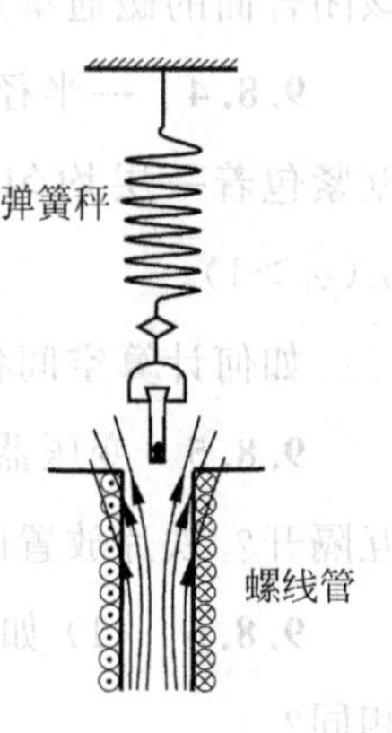

图 9.8.2

9.8.11 为什么一块磁铁能吸引一块原来并未磁化的铁块？

9.8.12 马蹄形磁铁不用时，要用一铁片吸到两极上，条形磁铁不用时，要成对地使 N，S 极方向相反地靠在一起放置，为什么？有什么作用？

9.8.13 一半径为 R 的磁介质球均匀磁化，磁化强度 M，则球体内部磁感应强度为何？球外呢？（从电和磁的对称性入手考虑）

9.8.14 有一半径为 R 的空薄球壳上，均匀绕有通电线圈。沿一直径方向单位长度上的线圈数都相同，问球内磁场分布？球外呢？

9.8.15 一半径为 a 的球壳，均匀带电，电荷面密度 σ。假设球体绕其直径以角速度

ω 匀速旋转，则两个半球壳之间的相互作用力如何计算？

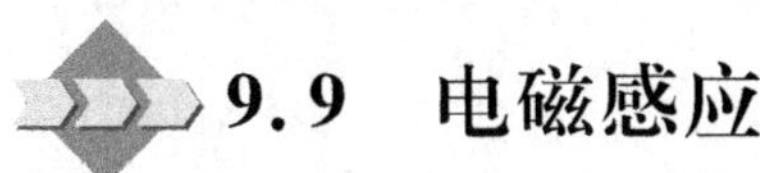

9.9　电磁感应

1. 本节要点

法拉第电磁感应定律

$$\varepsilon_i = -\frac{\mathrm{d}\phi}{\mathrm{d}t}$$

产生电动势的两个机理：

(1) 导体在磁场中运动，里面的电子跟随导体运动，在磁场中受到洛伦兹力，这是非静电力的来源，因此

$$\varepsilon_i = \int (\boldsymbol{v} \times \boldsymbol{B}) \cdot \mathrm{d}\boldsymbol{l}$$

(2) 磁场变化，产生感生电场，这是非静电场

$$\oint_L \boldsymbol{E}_{\text{非}} \cdot \mathrm{d}\boldsymbol{l} = -\iint_S \frac{\partial \boldsymbol{B}}{\partial t} \cdot \mathrm{d}\boldsymbol{S}, \quad \oiint_S \boldsymbol{E}_{\text{感生}} \cdot \mathrm{d}\boldsymbol{S} = 0$$

大块导体放在变化的磁场中，其上会产生涡流。

楞次定理：闭合回路中感应电流的方向，总是使它所激发的磁场来阻止引起感应电流的磁通量的变化。

动生电动势和感生电动势具有相对性。在某个参考系，导体运动，因此是动生电动势。然而，换一个参考系后，导体可能静止，此时又是感生电动势。再次体现了电磁场的相对性。

非铁磁介质的自感线圈的磁通量

$$\Psi = LI$$

自感电动势

$$\varepsilon = -L\frac{\mathrm{d}I}{\mathrm{d}t}$$

通过自感线圈的电流不能突变，否则自感电动势会无限大。

非铁磁介质的线圈 1 在线圈 2 产生的磁通量 $\Psi_{21} = M_{21} I_1$，反过来则是 $\Psi_{12} = M_{12} I_2$。

互感系数是带符号的

$$M_{21} = M_{12} = M$$

可以从容易算的角度，计算互感系数。

线圈有电流时，贮存着能量，实际是磁场能。

两个通电线圈的磁场能为

$$W_m = \frac{1}{2}L_1 I_1^2 + \frac{1}{2}L_2 I_2^2 + M_{12} I_1 I_2$$

磁矩在磁场中的能量

$$W_m = \boldsymbol{m} \cdot \boldsymbol{B}$$

若磁矩不变,则在外磁场中的势能为

$$W_m = -\boldsymbol{m} \cdot \boldsymbol{B}$$

可以理解为,保持磁矩不变,将磁矩从没有磁场处拉到此位置过程克服磁场力做的功。

磁场能密度

$$w_m = \frac{1}{2}\boldsymbol{B} \cdot \boldsymbol{H}$$

2. 基本题目

9.9.1 灵敏电流计的线圈处于永磁体的磁场中,通入电流,线圈就会发生偏转,从而带动指针偏转指示电流大小。切断电流后,线圈在回复原来位置前总要来回摆动好多次。这时如果用导线把线圈的两个接头短路,则摆动会马上停止。这是什么缘故?

9.9.2 将尺寸完全相同的铜环和铝环适当放置,使通过两环内的磁通量的变化率相等。问这两个环中的感应电流和感生电场是否相等?

9.9.3 将一磁铁插入一个由导线组成的闭合线圈中,一次迅速插入,另一次缓慢地插入。问:(1) 两次插入时在线圈中的电荷流量是否相同?

(2) 两次对电路所做的功是否相同?

(3) 若将磁铁插入一个不闭合的金属环中,在环中将发生什么变化?

9.9.4 如图 9.9.1(a)所示,螺线管指向纸内的磁场变化,边上有两个电灯 A,B 的闭合线路,电灯当然亮了。在图 9.9.1(b)中,P,Q 短路后,(　　)。

A. 灯 B 熄灭,灯 A 变亮

B. 灯 A 熄灭,灯 B 变亮

C. 两个灯都熄灭

D. 两个灯都亮着,没有变化

E. 灯 B 熄灭,灯 A 亮度不变

F. 灯 A 熄灭,灯 B 亮度不变

9.9.5 一均匀磁场被限制在半径为 R 的无限长圆柱面内,设磁场随时间的变化率为常量。现有两个回路 L_1、L_2(见图 9.9.2),L_1(圆)的半径为 r,L_2(扇)的两个弧的半径为 r_1、r_2。设 L_1、L_2 为材料均匀、粗细均匀的导线,如图 9.9.2 所示。问:

(1) L_1回路上有无感生电动势和感应电流？L_1上各点的电势是否相等？

(2) L_2回路内有无感生电动势和感应电流？L_2上各点的电势是否相等？

(3) 如果导线换成绝缘体做的线，上面两个问题的结论会有什么变化？

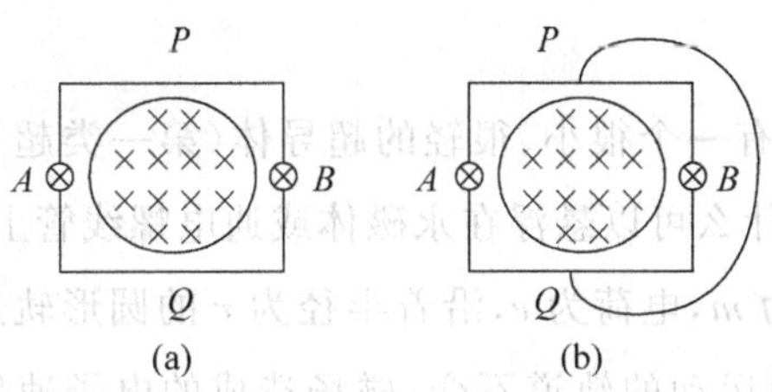

图 9.9.1

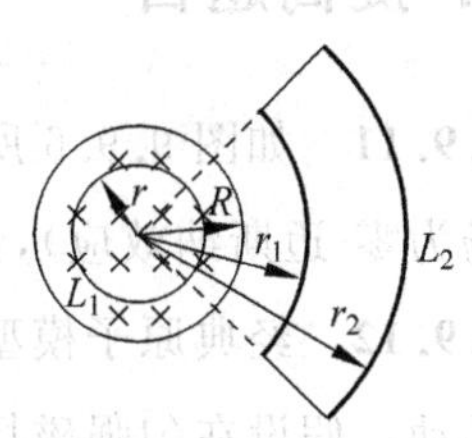

图 9.9.2

9.9.6 如图 9.9.3 所示，当开关闭合，电路中电流最终达到 $I=\varepsilon/R$。电路中电感是线圈绕成的，如果我们把另一个同样的线圈紧密的串联到原来的线圈上，导线绕行方向一致，然后接到刚才电路中，那么开关闭合后电流到达 $0.5I$ 的时间是(　　)。

A. 增加　　　　B. 减小　　　　C. 不变

9.9.7 如图 9.9.4 所示，一个圆形电路正上方有一个金属环，电路开关闭合时，金属环是被排斥还是吸引？断开时呢？

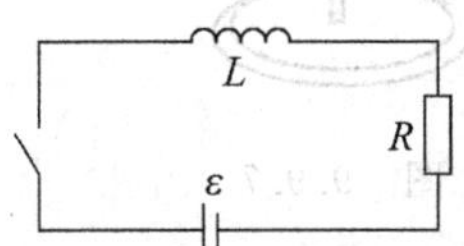

图 9.9.3

图 9.9.4

9.9.8 (1) 真空中静电场的高斯定理 $\oiint_S \boldsymbol{E}\cdot \mathrm{d}\boldsymbol{S}=\frac{\sum q}{\varepsilon_0}$ 和真空中电磁场的高斯定理 $\oiint_S \boldsymbol{E}\cdot \mathrm{d}\boldsymbol{S}=\frac{\sum q}{\varepsilon_0}$ 形式是相同的，但在理解上有何区别？

(2) 对于真空中恒定电流的磁场有 $\oiint_S \boldsymbol{B}\cdot \mathrm{d}\boldsymbol{S}=0$，对于一般电磁场也有 $\oiint_S \boldsymbol{B}\cdot \mathrm{d}\boldsymbol{S}=0$，二者在理解上有何区别？

3. 课堂完成作业

9.9.9 如图 9.9.5 所示，一大一小两个电流环，同心放置，电流分别为 I_1, I_2，求互感系数。

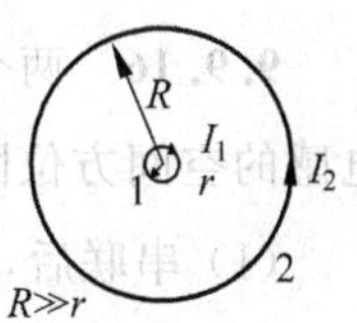

图 9.9.5

9.9.10 两个平行的非常长的直导线上通过的电流比值 $i_1/i_2=1/2$。两导线相距无限远时，离导线 1 距离 20cm 处，能量密度有 $u=$

1.96nJ/m³。当导线 2 移到与导线 1 距离 50cm 时，在它们之间，离导线 1 距离 20cm 处能量密度增加了。此处能量密度是多少？

4. 提高题目

9.9.11 如图 9.9.6 所示，永磁体上方有一个很小、很轻的超导体(第一类超导体内部磁场为零-迈斯纳效应)，试解释超导体为什么可以悬浮在永磁体或通电螺线管上。

9.9.12 经典原子模型认为电子质量为 m，电荷为 e，沿着半径为 r 的圆形轨道绕原子核运动。假设在匀强磁场 B 中，电子圆周运动的轨道不变，磁场造成的电子速度的变化很小。试推导出磁场造成的轨道磁偶极矩的变化的表达式。

9.9.13 如图 9.9.7 所示，课堂演示实验中，铝制圆环 A 和有缺陷的铝制圆环 B 都挂在同一根铝制杆。现用永磁体插入 A 或者 B 环，则 A 会被推动而 B 不会，为什么？现用永磁体在靠近 A 或者 B 处的上方(或下方)，向一个方向重复快速扫动，铝环会随着永磁体移动，为什么？

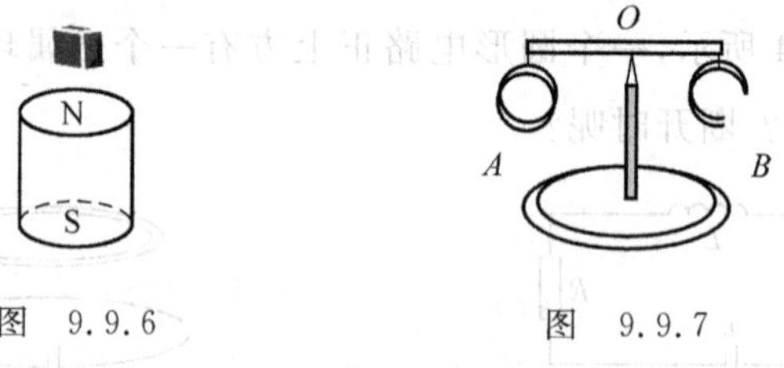

图 9.9.6　　图 9.9.7

9.9.14 如图 9.9.8 所示，课堂演示实验，将永磁体 A 放入有缺口的导体圆柱管，A 下落时会不停地翻转，请解释原因，并说明 A 是如何翻滚的？

9.9.15 一列车由南向北以速度 V 匀速行驶，设地磁垂直向下分量为 B。

(1) 若封闭的空车厢由导体制造，那么地面上看车厢内的电场为何？若封闭的空车厢由木板制造，那么结论有什么不同？

(2) 若封闭的空车厢由导体制造，那么在车厢内看电场为何？若封闭的空车厢由木板制造，那么结论有什么不同？

通过这些讨论能得到什么普遍的结论吗？

A

图 9.9.8

9.9.16 两个电感(自感系数分别为 L_1，L_2)是线圈绕成的。假设两个电感的空间方位固定不变，但两种串接的方式不同。

(1) 串联后，电流流入端到流出端，两个线圈上导线绕行方向相同；

(2) 串联后，电流流入端到流出端，两个线圈上导线绕行方向相反。

两种方式互感系数是否相同？总的自感系数呢？

9.9.17　如图 9.9.5 所示，一大一小电流环，同心放置，其上电流分别为 I_1，I_2，问：

(1) 如何计算相互作用能？

(2) 固定电流大小，将小线圈从无限远移来，外力所做功怎样计算？

(3) 此过程为了维持电流不变，电源需要做功多少？

(4) 能量转换关系如何？

9.9.18　如图 9.9.9 所示，有两个由理想导体(无电阻) 组成的圆线圈 1(半径 R)和 2(半径 r)。左边的大线圈 1 开始时的电流为 I，右边的小线圈开始没有电流，两者相距无限远，且 $R\gg r$。已知线圈 1 和 2 的自感系数分别为 L_1 和 L_2。请问将线圈 2 从无限远处拉到线圈 1 的中心所做的功为多少？

9.9.19　如图 9.9.10 所示，磁力线限制在圆柱体内，圆柱体半径为 R，空间均匀，$\frac{\mathrm{d}B}{\mathrm{d}t}>0$，直导线 ab 长度 L，以速度 $\boldsymbol{v}$ 向上运动。ab 运动到 Ocd 为等边三角形位置时的，ab 的电动势 ε 怎么求？

9.9.20　如图 9.9.11 所示，已知：$\boldsymbol{B}\perp$ 板面向内，$\frac{\mathrm{d}B}{\mathrm{d}t}=k=\text{const.}$ 半径为 r 的两金属(例如铝和铜) 半环，电阻分别为 R_1 和 R_2，$R_1>R_2$。试比较 A 和 M 电势的高低。

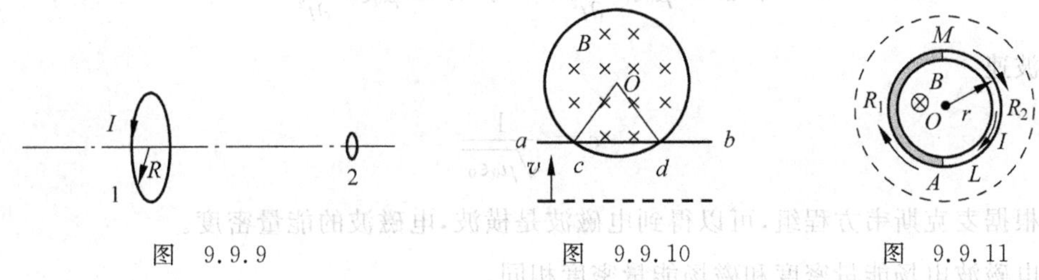

图　9.9.9　　　图　9.9.10　　　图　9.9.11

9.10　麦克斯韦方程组和电磁波

1. 本节要点

电容充放电过程，安培环路定理出现矛盾。引入位移电流并保持电荷守恒后矛盾解决。

位移电流

$$I_{\mathrm{d}}=\frac{\mathrm{d}}{\mathrm{d}t}\iint_S \boldsymbol{D}\cdot\mathrm{d}\boldsymbol{S}$$

安培环路定理变为

$$\oint_L \boldsymbol{B}\cdot \mathrm{d}\boldsymbol{l} = \mu_0\left(\sum I_{传导电流} + \sum I_{位移电流} + \sum I_{磁化电流}\right)$$

在真空中

$$\oint_L \boldsymbol{B}\cdot \mathrm{d}\boldsymbol{l} = \mu_0\varepsilon_0 \iint_S \frac{\partial \boldsymbol{E}}{\partial t}\cdot \mathrm{d}\boldsymbol{S}$$

可以理解为变化的电场引起感生磁场。

麦克斯韦方程组积分形式

$$\iint_S \boldsymbol{D}\cdot \mathrm{d}\boldsymbol{S} = \iiint_V \rho_0 \mathrm{d}V,\quad \oiint_S \boldsymbol{B}\cdot \mathrm{d}\boldsymbol{S} = 0$$

$$\oint_L \boldsymbol{E}\cdot \mathrm{d}\boldsymbol{l} = -\iint_S \frac{\partial \boldsymbol{B}}{\partial t}\cdot \mathrm{d}\boldsymbol{S},\quad \oint_L \boldsymbol{H}\cdot \mathrm{d}\boldsymbol{l} = \iint_S \boldsymbol{j}_0\cdot \mathrm{d}\boldsymbol{S} + \iint_S \frac{\partial \boldsymbol{D}}{\partial t}\cdot \mathrm{d}\boldsymbol{S}$$

微分形式

$$\nabla\cdot \boldsymbol{D} = \rho_0,\quad \nabla\cdot \boldsymbol{B} = 0$$

$$\nabla\times \boldsymbol{E} = -\frac{\partial \boldsymbol{B}}{\partial t},\quad \nabla\times \boldsymbol{H} = \boldsymbol{j}_0 + \frac{\partial \boldsymbol{D}}{\partial t}$$

在真空中，由以上几个方程可以推出电磁波方程

$$\nabla^2 \boldsymbol{E} = \mu_0\varepsilon_0 \frac{\partial^2 \boldsymbol{E}}{\partial t^2},\quad \nabla^2 \boldsymbol{H} = \mu_0\varepsilon_0 \frac{\partial^2 \boldsymbol{H}}{\partial t^2}$$

波速

$$c = \frac{1}{\sqrt{\mu_0\varepsilon_0}}$$

根据麦克斯韦方程组，可以得到电磁波是横波，电磁波的能量密度。

电磁波电场能量密度和磁场能量密度相同。

$$w = \frac{1}{2}\varepsilon E^2 + \frac{1}{2}\mu H^2$$

电磁波电场强度和磁感应强度之间

$$E = cB$$

电磁波能流密度矢量也叫坡印廷矢量

$$\boldsymbol{S} = \boldsymbol{E}\times \boldsymbol{H}$$

其平均值就是光强，$I\propto\langle \boldsymbol{E}^2\rangle$。

定量分析表明，电路中，电磁能量是以电磁波的形式在导线外传播，从导线外传入导线内的电磁能量刚好补偿导线内消耗的焦耳热。

电磁波动量密度

$$\boldsymbol{g} = \boldsymbol{D}\times \boldsymbol{B}$$

电磁波正入射到表面完全反射时，对表面的光压

$$p_r = 2\langle g\rangle \cdot c = 2\,\frac{\langle EH\rangle}{c}$$

如果是完全吸收则没有系数 2。

电磁波有动量,就有可能有角动量。

2. 基本题目

9.10.1 如图 9.10.1 所示,电容器是半径为 R 的两个圆板,充电电流 I。两个以中心线为圆心,半径 r 的圆,其圆面垂直于中心线,一个在电容器里面,一个在外面。计算圆线上的磁场环量时,分别取穿过圆为边界的 S 和 S'面上的电流。有人说因为穿过这两个面的电流都是 I,所以,根据环路定理,这两个圆上磁场大小相同。你同意这个说法吗?为什么?

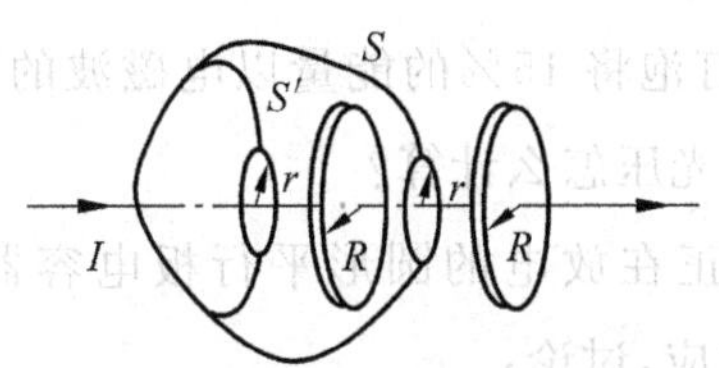

图 9.10.1

9.10.2 一平板电容器充电后断开电源,由于极板间介质漏电而存在漏电电流。极板面积为 S,极板间距为 b,不计边缘效应。

(1) 求此板间存在哪些电流,极板空间是否存在磁场?

(2) 若已知极板初始带电量为 Q_0,电介质的介电常数为 ε,漏电电导率为 γ(各处均匀),问极板间任一时刻的漏电电流和位移电流各为多少?

9.10.3 如图 9.10.2 所示,作匀速直线运动的点电荷 $+q$ 以速度 $v(v\ll c)$向 O 点运动,在 O 点处取 O 为圆心、R 为半径的圆,圆平面与 v 垂直。当 $+q$ 运动到与圆周上任一点 P 的距离为 r 的瞬时,试计算:

(1) 通过此圆面的位移电流 I_d。

(2) P 点处的磁感应强度 $\boldsymbol{B}$。

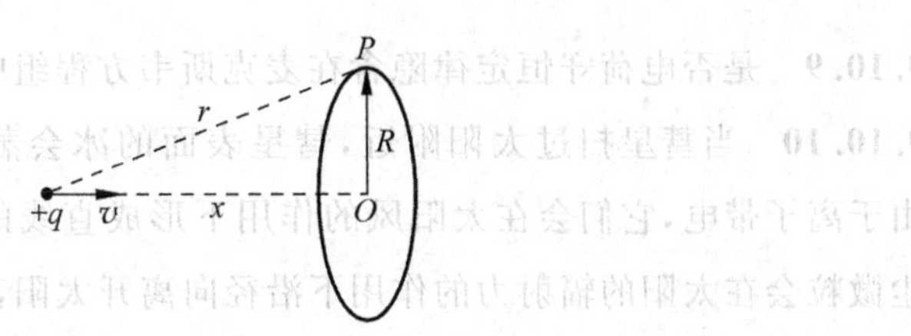

图 9.10.2

9.10.4 试就以下几个方面比较传导电流与位移电流的异同。

(1) 本质；

(2) 与磁场的关系；

(3) 它们能在其中存在的物质种类；

(4) 热效应。

9.10.5 一个100W灯泡将20%的能量转换为光能，在距离5m处电场强度和磁感应强度是否同相位？它们的方均根值各为多少？

9.10.6 有一圆柱形导体，半径为a，电阻率为ρ，载有均匀分布的电流I_0。试计算流入长为L、半径为r的导体的电磁能，并与导体内消耗的能量作比较。

3. 课堂完成作业

9.10.7 设100W的电灯泡将15%的能量以电磁波的形式沿各方向均匀地辐射出去，则与电灯泡相距5m处的光压怎么计算？

9.10.8 一个充满电后正在放电的圆形平行板电容器，半径为R，板间距为b，如图9.10.3所示。忽略边缘效应，讨论：

(1) 两极板间的边缘处，坡印廷矢量的方向指向哪里？

(2) 单位时间内，按坡印廷矢量计算，流出电容器的能量是否等于电容器中静电能量的减少率。

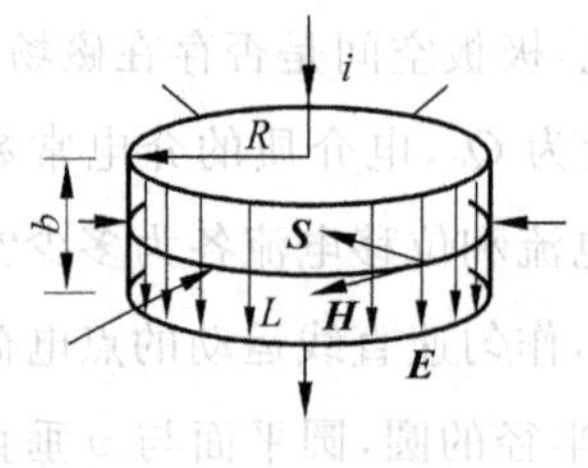

图 9.10.3

4. 提高题目

9.10.9 是否电荷守恒定律隐含在麦克斯韦方程组中？如何得知？

9.10.10 当彗星扫过太阳附近，彗星表面的冰会蒸发，同时释放出灰尘微粒和离子。由于离子带电，它们会在太阳风的作用下形成直线的离子彗尾，如图9.10.4所示；而灰尘微粒会在太阳的辐射力的作用下沿径向离开太阳，形成所谓的扫帚尾。

(1) 灰尘微粒所受太阳辐射力随着离太阳的距离如何变化？

(2) 灰尘微粒满足什么条件时，太阳的辐射力与引力平衡，使得灰尘刚好形成直线的轨迹(轨迹 2)。

(3) 如果灰尘微粒的密度不变的情况下，大小变大，它会靠近太阳(轨迹 3)还是会远离太阳(轨迹 1)？太阳总辐射功率为 $4.92\times10^{26}\,\mathrm{W}$，太阳质量为 $1.99\times10^{30}\,\mathrm{kg}$。[6]

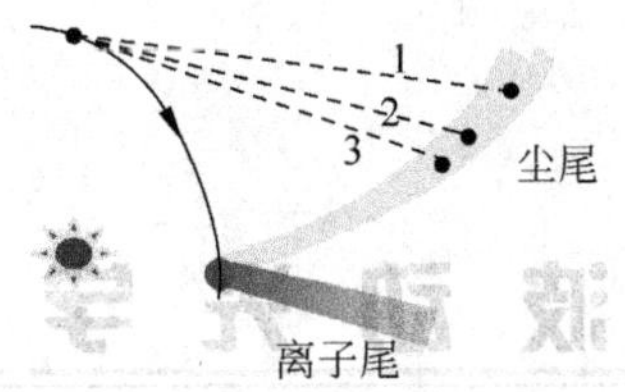

图 9.10.4

第10章

波动光学

10.1 光的干涉

1. 本节要点

平行光通过凸透镜，在其焦平面上聚焦。聚焦点是平行光中通过凸透镜中心的光线与焦平面的交点。平行光通过凸透镜后聚焦时，所有光线之间的光程差为零。

原子或分子等粒子团从高能态向低能态跃迁时发出光子。带电粒子加速运动（韧致辐射）或者带电粒子在介质中超过介质中的光速（切伦科夫辐射）都会发射光子或者辐射电磁波。从不同原子或分子辐射的电磁波以及从同一粒子但不同时刻辐射的电磁波之间没有固定的相位关系，因此它们不是相干光。

激光是相干光。

相干光一定是光矢量振动方向相同、频率相同和相位差固定。相干光可以干涉。一束光在两个界面分别反射后相遇，或者一个波阵面分成两个再相遇，都可以发生干涉，前者叫分振幅干涉，后者叫分波面干涉。

两束相干光相遇，光强 $I=I_1+I_2+2\sqrt{I_1I_2}\cos\Delta\varphi$，$\Delta\varphi\pm 2k\pi$ 为相长干涉，$\Delta\varphi=\pm(2k+1)\pi$ 为相消干涉。

相位差通常是光程差决定的

$$\Delta\varphi=\frac{2\pi}{\lambda}\delta$$

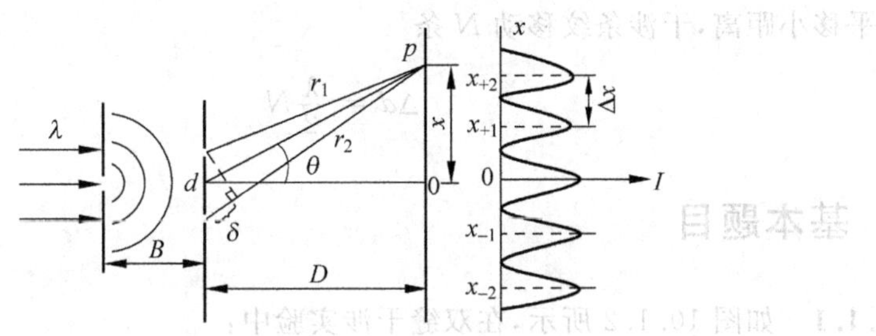

图 10.1.1

对于图 10.1.1 中的杨氏双缝干涉

$$\delta = r_2 - r_1 \approx d\sin\theta \approx d\tan\theta = d \cdot \frac{x}{D}$$

亮纹

$$x_{\pm k} = \pm k \frac{D}{d}\lambda, \quad k = 0,1,2,\cdots$$

暗纹

$$x_{\pm k} = \pm \left(k + \frac{1}{2}\right)\frac{D}{d}\lambda, \quad k = 0,1,2,\cdots$$

如果是白光,就会出现彩色条纹。

其他分波面或分振幅干涉计算都类似,只要知道两束光的光程差的形式即可。

由于单色光实际有一定的频宽,波长最大的和波长最小的干涉条纹,在同一位置刚好是一亮一暗时,干涉条纹消失。从另一个角度,波列有一定长度,当光程差大于波列长度时,干涉条纹也消失。频宽和波列长度乘积等于1,波列长度也叫相干长度,而相干长度除以光速就是相干时间。这就是时间相干性。

双缝干涉时,双缝前的单缝宽度也影响干涉。单缝上沿和下沿的干涉条纹重合(级次差1),则干涉条纹消失,称为空间相干性。单缝光源的极限宽度

$$b = \frac{B}{d}\lambda$$

折射率为 n 的媒质中距离 d 与真空中距离 nd 等效,这就是光程。

等厚干涉 厚度相同处,干涉级次相同 $\delta = 2ne + \frac{\lambda}{2} = \delta(e)$;条纹间距 $L = \frac{\lambda}{2n\theta}$;

牛顿环 $\delta = \frac{r^2}{R} + \frac{\lambda}{2}$;暗环半径 $r_k = \sqrt{kR\lambda}$ 中心级次最低。

等倾干涉 利用扩展光源条纹更清晰,条纹是同心环,中心级次最高。

$$\delta = 2e\sqrt{n^2 - \sin^2 i} + \frac{\lambda}{2} = \delta(i)$$

迈克耳逊干涉仪 两个反射镜互相垂直,接近等倾干涉;偏离垂直就是等厚干涉。

平面镜平移小距离，干涉条纹移动 N 条

$$\Delta d=\frac{\lambda}{2}N$$

2. 基本题目

10.1.1 如图 10.1.2 所示，在双缝干涉实验中：

(1) 如何使屏上干涉条纹间距变宽？

(2) 若 S_1、S_2 两条缝的宽度不等，条纹有何变化？

(3) 把缝光源 S 逐渐加宽时，干涉条纹如何变化？

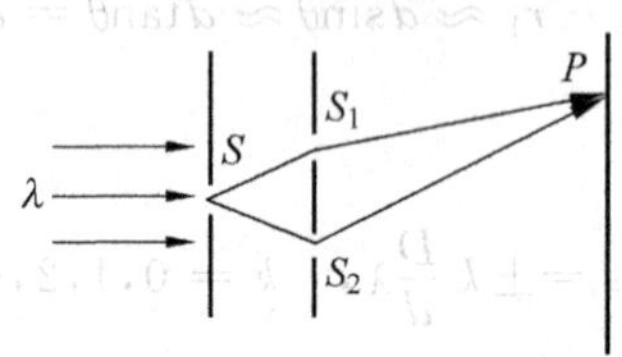

图 10.1.2

10.1.2 相干光的条件是什么？怎样获得相干光，用两条平行的细灯丝作为杨氏双缝干涉实验中的 S_1 和 S_2，是否能观察到干涉条纹？在杨氏双缝实验中 S_1、S_2 缝后面分别放一红色和绿色滤光片，能否观察到干涉条纹？

10.1.3 有人认为相干叠加服从波的叠加原理，非相干叠加不服从波的叠加原理，这种看法是否正确？相干叠加和非相干叠加有何区别？

10.1.4 怎样理解光程？光线 a、b 分别从两个同相的相干点光源 S_1、S_2 发出，试讨论：

(1) A 为 S_1、S_2 连线中垂线上的一点，在 S_1 和 A 之间插入厚度为 e，折射率为 n 的玻璃片，如图 10.1.3(a)所示，a、b 两光线在 A 点的光程差 ΔL 及相位差 $\Delta\varphi$ 为何？分析 A 点的干涉情况。

(2) 如图 10.1.3(b)所示，上述 a、b 两束光与透镜主光轴平行，当两束光经透镜相遇于 P 点时，光程差 ΔL 是多少？

(3) 比较光通过介质中一路程的时间和通过真空中相应光程的时间来说明光程的物理意义。

10.1.5 真空中波长为 λ_0 的 A、B 两光线，A 在空气中，B 在玻璃中，问它们在相同的时间 Δt 内传播的路程及光程是否相等？

10.1.6 在双缝干涉实验中，将双缝干涉装置由空气放入水中时，屏上的干涉条纹有何变化？

10.1.7 观察正在被吹大的肥皂泡时，先看到彩色分布在泡上，随着泡的扩大各处

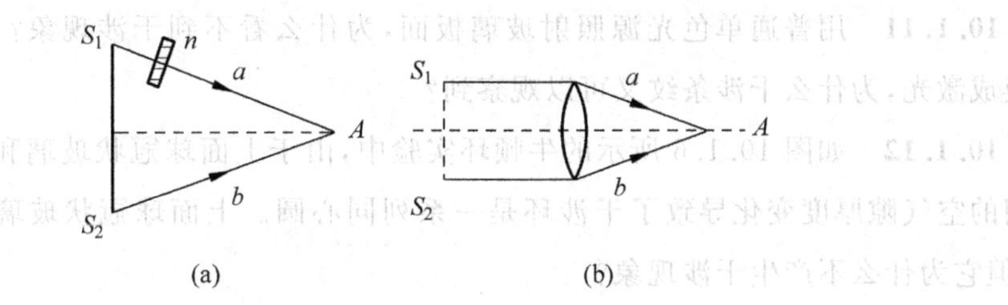

图 10.1.3

彩色会发生变化。当彩色消失呈现黑色时，肥皂泡破裂。为什么？

10.1.8 用两块平玻璃构成的劈尖(图 10.1.4)观察等厚条纹时，若把劈尖上表面向上缓慢地移动(见图(a))，干涉条纹有什么变化？若把劈尖角逐渐增大(见图(b))，干涉条纹又有什么变化？

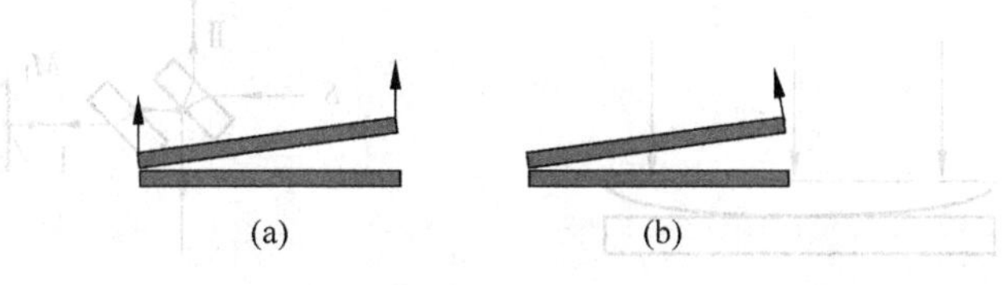

图 10.1.4

3. 课堂完成作业

10.1.9 将一个厚度为 272.7nm 的薄膜置于空气中，用由可见光谱合成的白光垂直照射薄片。已知反射光中波长为 600.0nm 的成分达到干涉极大，问反射光中哪个成分的光会完全干涉相消。如果薄片厚度加 100 倍，光是斜射入，且薄片正上方平放一个凸透镜，它的焦平面上 600.0nm 波长光的最小亮环半角宽度为多大？

4. 提高题目

10.1.10 用图 10.1.5 所示的装置作双缝干涉实验，是否都能观察到干涉条纹？为什么？

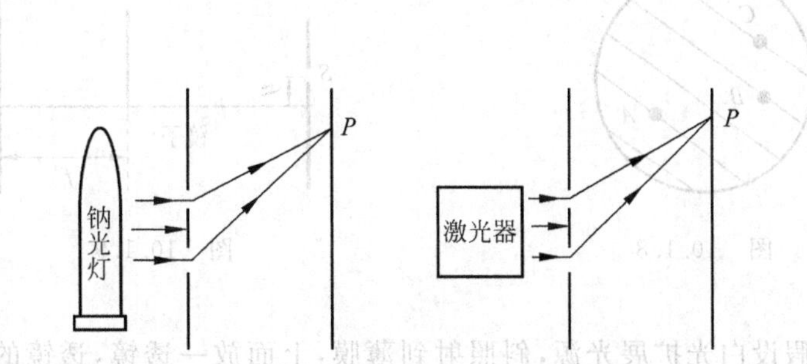

图 10.1.5

10.1.11 用普通单色光源照射玻璃板面，为什么看不到干涉现象？如果普通单色光换成激光，为什么干涉条纹又可以观察到？

10.1.12 如图10.1.6所示的牛顿环实验中，由于上面球冠状玻璃和下面平板玻璃之间的空气隙厚度变化导致了干涉环是一系列同心圆。上面球冠状玻璃也是厚度有变化，但它为什么不产生干涉现象？

10.1.13 如图10.1.7所示，用迈克耳孙干涉仪观察等厚条纹时，若使其中一平面镜 M_2 固定，而另一平面镜 M_1 绕垂直于纸面的轴线转到 M_1' 的位置，问在转动过程中看到什么现象？如果将平面镜 M_1 换成半径为 R 的球面镜（凸面镜或凹面镜，R 很大），球心恰在光线Ⅰ上，球面镜的像的顶点与 M_2 接触，此时将观察到什么现象？

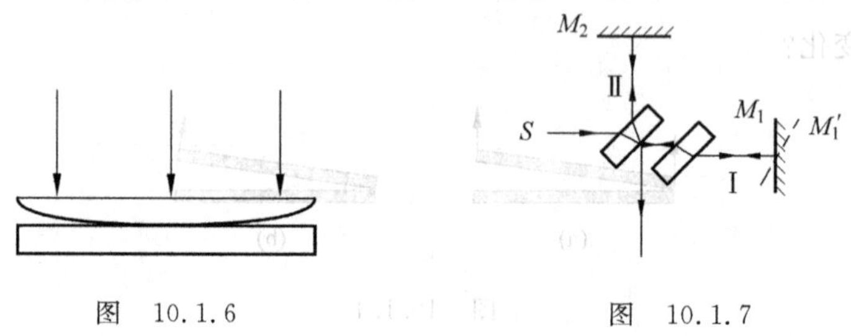

图 10.1.6　　图 10.1.7

10.1.14 利用光的干涉可以检验工件质量。现将 A、B、C 三个直径相近的滚珠放在两块平板玻璃之间，用单色平行光垂直照射，观察到的等厚条纹，如图10.1.8所示。

(1) 若单色光波长为 λ，三个滚珠直径之差如何估算？

(2) 直接从图能判断三个滚珠哪个大吗？你该如何判断它们大小呢？

10.1.15 如图10.1.9所示，波长为 λ 的单色光经过狭缝 S 衍射到不透明的接收屏上。平面镜垂直于接收屏 A，距离狭缝 h。半个透镜立在镜子上面，而屏在透镜的焦平面上。光从狭缝通过透镜直接到达 A 的光与经平面镜反射的光发生干涉，反射造成了半波损失。干涉条纹是什么样的？如何确定亮暗纹位置？

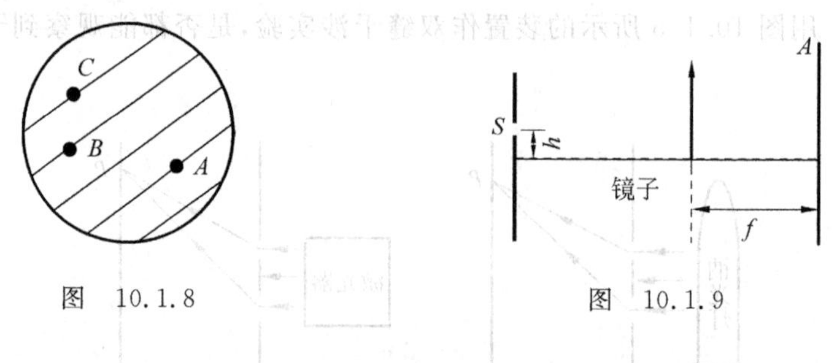

图 10.1.8　　图 10.1.9

10.1.16 假设白光扩展光源，斜照射到薄膜，上面放一透镜，透镜的焦平面上放观察屏，此时可以观察到等倾干涉条纹。这里也是用了扩展光源，与双缝干涉试验中用扩展光源有什么区别？薄膜厚度变化时屏上能看到什么现象？请尽可能详细描述。

10.2　光的衍射

1. 本节要点

(1) 惠更斯-菲涅尔原理

波传到的任何一点都是子波的波源，各子波在空间某点的相干叠加，就决定了该点波的强度，如图 10.2.1。

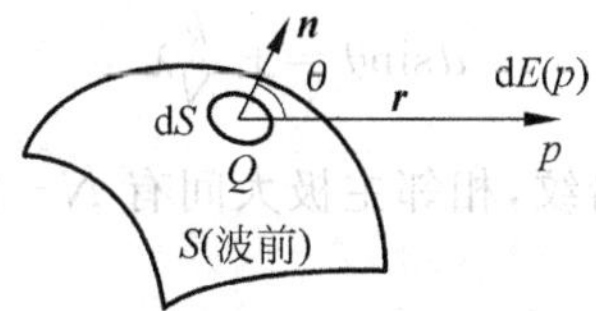

图　10.2.1

$$dE_{(p)} \propto \frac{a(Q)K(\theta)}{r}dS$$

菲涅尔衍射：近场衍射。

夫琅禾费衍射：远场衍射。

(2) 夫琅禾费衍射装置(图 10.2.2)

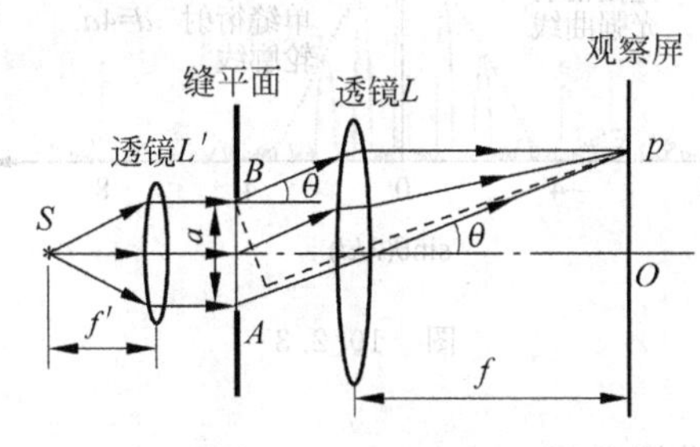

图　10.2.2

对某点 p，通过单缝上沿 B 和下沿 A 的光线光程差

$$\delta = a\sin\theta$$

当它是半波长的 k (整数)倍时，光缝就被分成了 k 个半波带，相邻两个半波带在 p 点的光强相干叠加的结果是零。据此得到衍射暗纹的条件是 $a\sin\theta = k\lambda$，之间是亮纹。

圆孔衍射的时候同样可以用半波带法分析衍射条纹分布。

单缝衍射光强分布

$$I = I_0\left(\frac{\sin\alpha}{\alpha}\right)^2,\quad \alpha = \frac{\pi a\sin\theta}{\lambda}$$

亮纹中心位置通过导数等于零求得。

中心衍射明纹宽度 $\Delta\theta=2\lambda/a$,是其他明纹宽度的两倍。

几何光学是波动光学在 $\lambda/a\to 0$ 时的极限情形。

光栅衍射 缝间距 d 称为光栅常数,光栅方程 $d\sin\theta=\pm k\lambda$ 确定主极大明纹位置(图 10.2.3)。

N 条缝光栅的暗纹条件

$$d\sin\theta = \pm\frac{k}{N}\lambda$$

相邻主极大间有 $N-1$ 个暗纹,相邻主极大间有 $N-2$ 个次极大。

光栅衍射光强

$$I_p = I_{0单}\left(\frac{\sin\alpha}{\alpha}\right)^2\cdot\left(\frac{\sin N\beta}{\sin\beta}\right)^2,\quad \beta = \frac{\pi d}{\lambda}\cdot\sin\theta$$

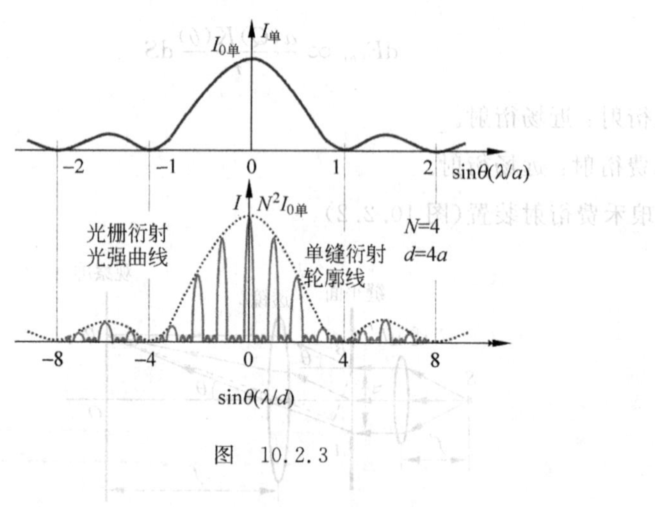

图 10.2.3

以倾斜角 i 斜入射的光栅方程

$$d(\sin\theta\pm\sin i) = \pm k\lambda$$

瑞利判据:亮纹刚好落在接近光波长的暗纹处,是两个波长不可分辨的界线(图 10.2.4)。

光栅分辨本领

$$R = \frac{\lambda}{\delta\lambda} = Nk$$

圆孔的夫琅禾费衍射 爱里斑

$$D\cdot\sin\theta_1 \approx 1.22\lambda$$

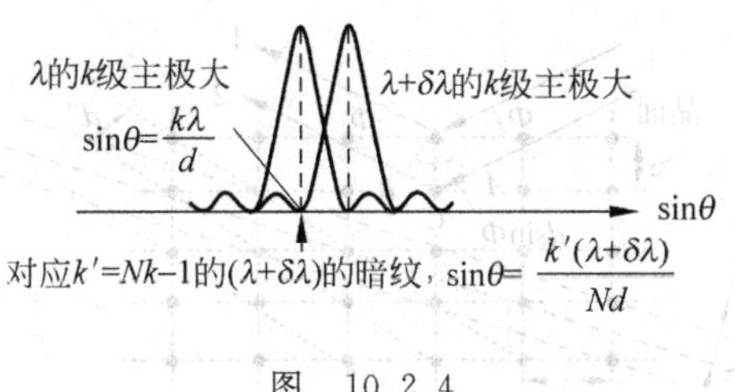

图 10.2.4

几何光学中的像点在波动光学中实际为像斑(图 10.2.5)。

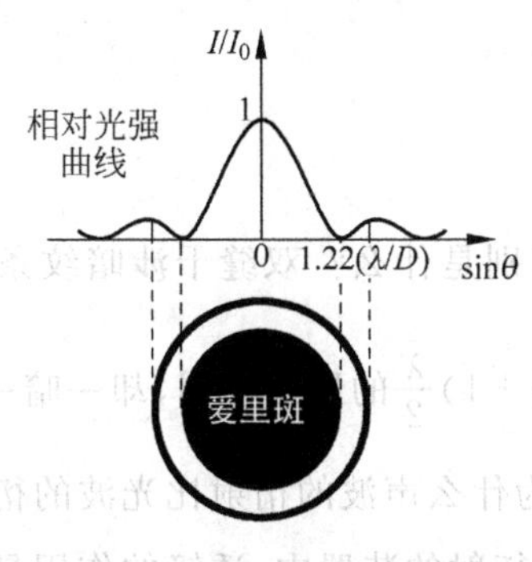

图 10.2.5

瑞利判据：对于两个等光强的非相干物点，如果其一个像斑的中心恰好落在另一像斑的边缘(第一暗纹处)，则此两物点被认为是刚刚可以分辨(图 10.2.6)。

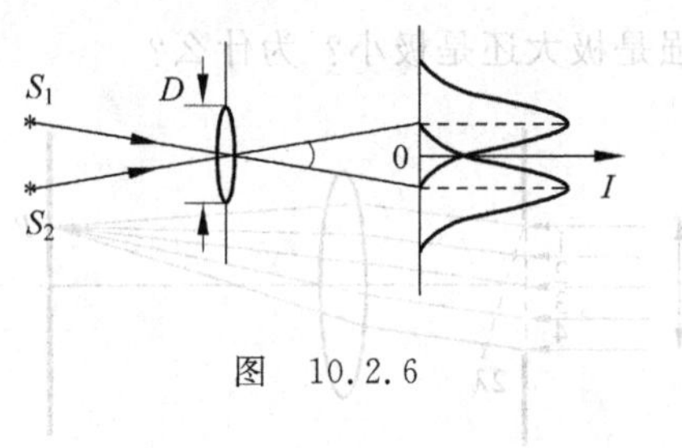

图 10.2.6

最小分辨角

$$\delta\theta = \theta_1 \approx 1.22\,\frac{\lambda}{D}$$

分辨本领

$$R \equiv \frac{1}{\delta\theta} = \frac{D}{1.22\lambda}$$

(3) X 射线的衍射(图 10.2.7)

布拉格公式

$$2d \cdot \sin\Phi = k\lambda,\quad k = 1,2,\cdots$$

衍射角不能连续变换。

晶体衍射出现劳厄斑，粉末衍射图案是同心圆。

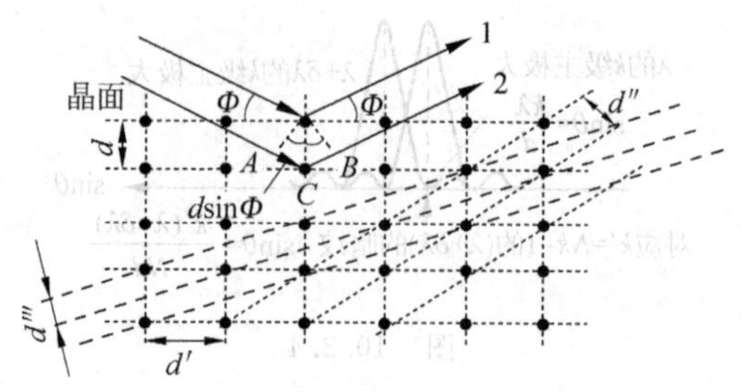

图 10.2.7

2. 基本题目

10.2.1 干涉和衍射的区别是什么？双缝干涉暗纹条件 $d\sin\varphi=\pm(2k+1)\frac{\lambda}{2}$ 与单缝衍射明纹条件 $a\sin\varphi=\pm(2k+1)\frac{\lambda}{2}$ 的形式相同，却一暗一明，为什么？

10.2.2 在日常试验中，为什么声波的衍射比光波的衍射更加显著？

10.2.3 在观察夫琅禾费衍射的装置中，透镜的作用是什么？

10.2.4 在单缝的夫琅禾费衍射中，若将单缝宽度逐渐加宽，衍射图样发生什么变化？在双缝干涉实验中，把两个缝的宽度同时逐渐加宽又会有什么变化？

10.2.5 在单缝的夫琅禾费衍射中，若单缝处波阵面恰好分为 4 个半波带，如图 10.2.8 所示。P 点光强是极大还是极小？为什么？

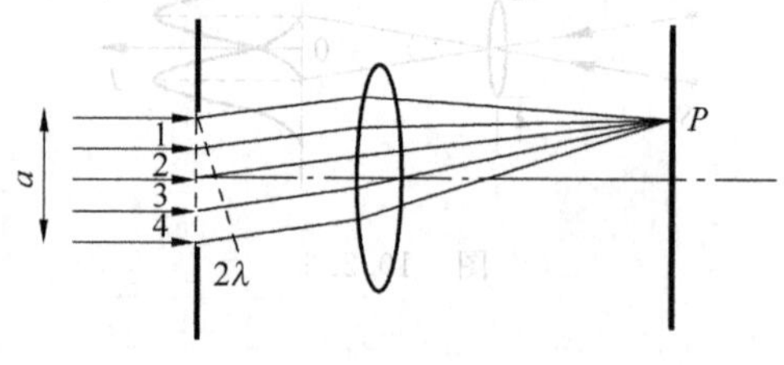

图 10.2.8

10.2.6 如何说明不论光栅的缝数有多少，各主极大的角位置总是和有相同缝宽和缝间距的双缝干涉极大的角位置相同？

10.2.7 如何说明光栅各主极大的半角宽度是有相同缝宽和缝间距的双缝干涉极大的角宽度的 $1/N$（N 是缝数）？而主极大的光强与 N^2 成正比，为什么？

10.2.8 在杨氏双缝试验中，每一条缝自身（即把另一缝遮住）的衍射条纹光强分布各如何？双缝同时打开时条纹光强分布又如何？前两个光强分布图的简单相加能得到后一个光强分布图吗？大略地在同一张图中画出这三个光强分布曲线。

10.2.9 若人眼能感知的电磁波段不再是 5000Å 左右的可见光，而是毫米波段的电

磁波。瞳孔直径为3mm，人眼看到的世界会怎样？（只考虑分辨率效应）

10.2.10　布拉格衍射公式中掠射角是不是可以任意变化？

3. 课堂完成作业

10.2.11　如图10.2.9所示，已知：有一单缝，缝宽 $a=0.55\text{mm}$，焦距 $f=50\text{cm}$，白光照射时，在 $x=1.5\text{mm}$ 处出现明纹极大。求：

(1) 上述明纹级次；

(2) 相应的入射光波长；

(3) 相应的半波带的数目。

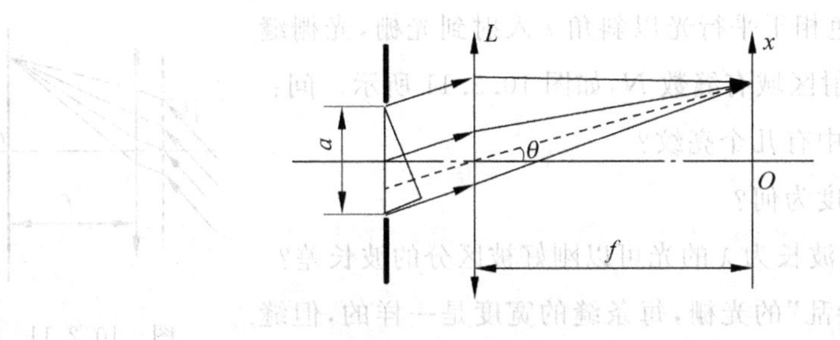

图　10.2.9

10.2.12　一双缝的缝距为 $d=0.40\text{mm}$，两缝的宽度都是 $a=0.080\text{mm}$，用波长为 $\lambda=4800\text{Å}$ 的平行光垂直照射双缝，在双缝后放一个焦距为 $f=2.0\text{m}$ 的透镜，如图10.2.10所示。求：

(1) 在透镜焦平面处的屏上，双缝干涉亮纹的间距；

(2) 在单缝衍射的中央亮纹范围内的双缝干涉亮纹数目。

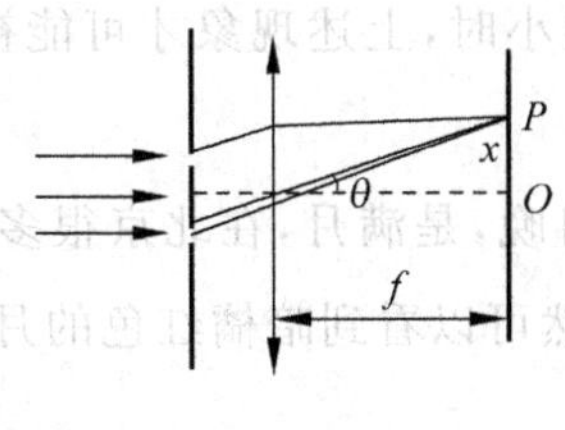

图　10.2.10

10.2.13　波长 $\lambda=6000\text{Å}$ 的单色光垂直入射到一光栅上（1000个缝），测得第二级主极大的衍射角为30°，且第三级是缺级。

(1) 光栅常数 d 等于多少？透光缝可能的最小宽度 a 为何？

(2) d 和 a 选定后，求在屏幕上可能呈现的主极大的级次。

(3) 第二级主极大的半角宽度及能分辨的最小波长差。

4. 提高题目

10.2.14 在单缝夫琅禾费衍射的观测中：

(1) 令单缝在纸面内垂直透镜光轴上、下移动，屏上衍射图样是否改变？

(2) 令光源垂直透镜光轴上、下移动，屏上衍射图样是否改变？

10.2.15 一台光谱仪器有同样大小的三块光栅：1200 条/mm，600 条/mm，90 条/mm。

(1) 如果用它测定 0.7～1.0μm 波段的红外线波长，应选用哪块光栅？为什么？

(2) 如果光谱范围为 3～7μm，应选用哪块光栅？为什么？

10.2.16 一束单色相干平行光以斜角 i 入射到光栅，光栅缝间距 d，缝宽 $d/5$，光照射区域有缝数 N，如图 10.2.11 所示。问：

(1) 单缝零级衍射中有几个亮纹？

(2) 主极大的角宽度为何？

(3) 1 级主极大处，波长为 λ 的光可以刚好被区分的波长差？

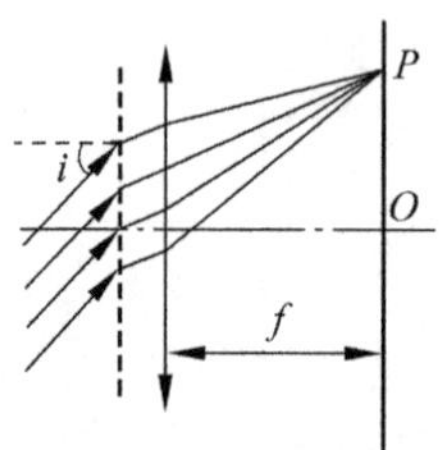

图 10.2.11

10.2.17 一个"杂乱"的光栅，每条缝的宽度是一样的，但缝间距离有大有小随机分布。单色光垂直入射这种光栅时，其衍射图样会是什么样子的？

10.2.18 一束激光照射到月球上，能估算出光斑大小吗？

10.2.19 在卫星到地面的通信中，需要把一束光从卫星投射到地面，为了保持光束不散开（不扩束）先要扩束，为什么？这是实际应用技术的实例。

10.2.20 一平行光正面入射到小的圆屏上，背面是阴影，但轴线上总是亮的，能否用半波带法解释？为什么圆屏很小时，上述现象才可能被观测到？如果是圆孔，在轴线上既有暗点，也有亮点，为什么？

10.2.21 2018 年 1 月 31 日晚，是满月，在北京很多人都在观看月全食。当月亮完全进入地球本影的时候，我们仍然可以看到暗橘红色的月亮，这是阴影后的泊松斑效应，还是其他什么原因？

10.2.22 为什么天文望远镜物镜的直径很大？

10.2.23 用一束 X 射线照射晶体粉末得到的布拉格衍射图案是一系列同心圆，为什么？

10.2.24 图示 10.2.12 为一种制造光栅的示意图。激光的波长为 6328Å，经分束器得到两束相干的平行光，分别以 0°与 30°的入射角射到感光板上，形成一组与 x 方向垂直的等距离的干涉条纹。经过曝光、显影、定影处理后，就得到一块透射光栅。请问：

(1) 光栅常数为何？

(2) 若入射到感光板上的两束光的强度之比 $I_1/I_2=4$,干涉条纹光强最小值与光强最大值之比为何?

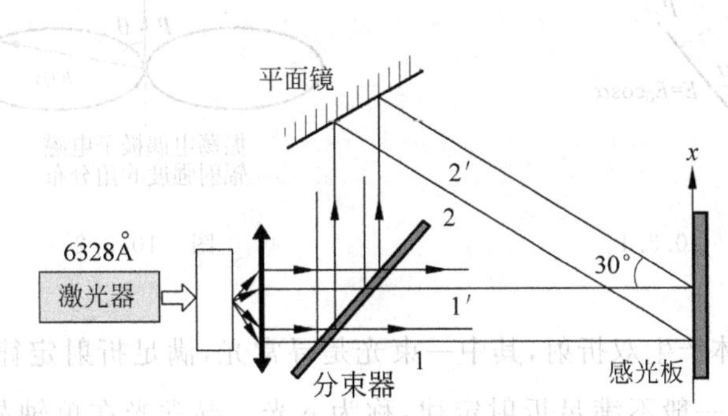

图 10.2.12

10.3 光的偏振

1. 本节要点

光矢量的振动状态决定了有线偏振光、圆偏振光、椭圆偏振光。自然光是非偏振光,偏振光和自然光的混合是部分偏振光。

任何光的光矢量可以分解成两个互相垂直的线偏振光。对于线偏振光,两个互相垂直分量的振动同相;对于圆偏振光它们的振幅相同,但相位相差 $\pi/2$;如果对着光传播方向,x 分量相位超前,则是左旋圆偏振光,否则为右旋圆偏振光;对于椭圆偏振光也有左右旋之分,两互相垂直的分量振幅不同,相位差除了 π,可以为任意大于 0 或小于 2π 的量。对于自然光,两个互相垂直分量的相位差不固定。

光强正比于两个垂直分量振幅的平方和。

光矢量沿着偏振化方向的光才可以通过偏振片,可以用它从自然光获得线偏振光,也可以检偏。

如图 10.3.1 所示,马吕斯定律

$$I=I_0\cos^2\alpha$$

界面反射光一般是部分偏振光,入射角等于布儒斯特角时反射光是完全偏振光,此时入射角+折射角=90°,则

$$\tan i_0=\frac{n_2}{n_1}=n_{21}$$

以该角多次折射后可以获得比较纯的线偏振光。

散射光沿一定角度是部分偏振光，与偶极辐射特性有关(见图 10.3.2)。

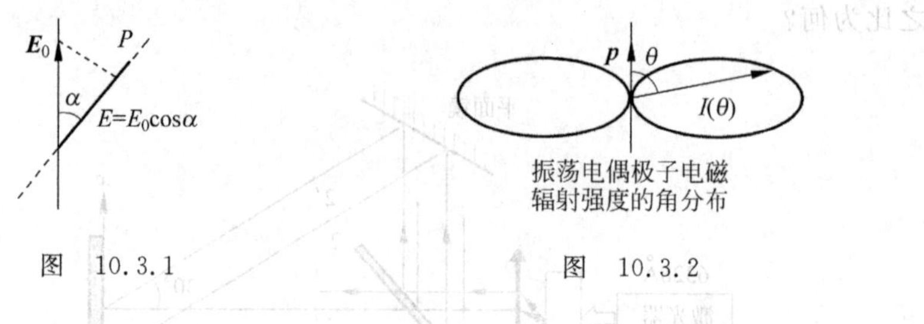

图 10.3.1　　图 10.3.2

单轴或双轴晶体产生双折射，其中一束光是寻常光，满足折射定律，称为 o 光；而另一束则是非寻常光，一般不满足折射定律，称为 e 光。寻常光在单轴晶体中沿任何方向的传播速度都相同(见图 10.3.3)；但非寻常光沿各个方向的传播速度不相同(见图 10.3.4)。有个方向特殊，沿此方向非寻常光和寻常光的传播速度相同，称为光轴。光轴和光线构成的平面称为主平面，寻常光偏振方向垂直于主平面，而非寻常光的偏振方向在主平面内。

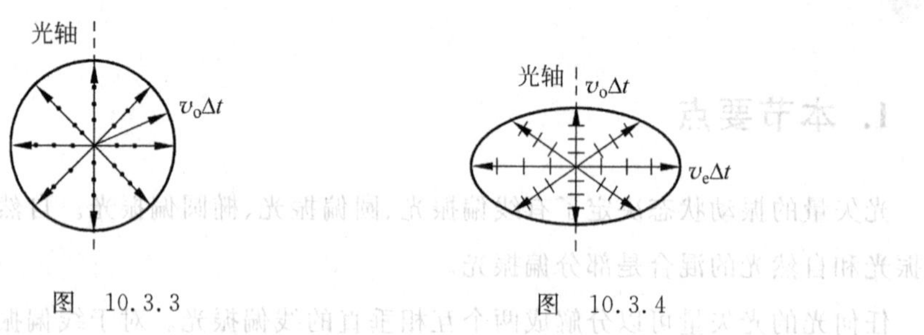

图 10.3.3　　图 10.3.4

o 光主折射率 $n_o=\dfrac{c}{v_o}$，e 光主折射率 $n_e=\dfrac{c}{v_e}$

正晶体 $n_e>n_o$，负晶体 $n_e<n_o$

用惠更斯作图法可以画出在界面上光线双折射光路图。当光轴平行晶体表面且垂直于入射面时，o 光和 e 光都满足折射定律，折射率分别用它们的主折射率。

晶片：单轴晶体做成片并使光轴平行表面。通过晶片后，若 o 光和 e 光的光程差是 $\lambda/2$，是 1/2 波片，差 $\lambda/4$ 则是 1/4 波片。利用 1/4 波片可以把线偏振光变成椭圆偏振光或圆偏振光。线偏振光经过 1/2 波片后偏振面转一个角度。光经过晶片后光强不变。

两个偏振片之间放置一个晶片，则可以观察偏振光的干涉现象。若两个偏振化方向互相垂直，则两束相干光的光程差为 $\delta=d(n_e-n_o)+\dfrac{\lambda}{2}$。

如果中间晶片做成劈尖形状，则可以观察到等厚干涉图样。

如果是用白光，就会观察到色偏振现象(某种颜色相消干涉而呈现它的互补色)。

通常物体受到应力后，也会显现各向异性而产生双折射。o 光和 e 光主折射率差正比于应力因此通过偏振光的干涉，可以直观观察到应力分布情况。应力集中的地方干涉条纹更密集。

液体加电场或晶体加磁场也会产生双折射现象。

偏振光通过旋光物质 d 距离后偏振面发生旋转，旋转角度

$$\psi = \alpha d$$

其中，α 是旋光率，与波长平方成反比，因此，白光偏振光会发生旋光色散。旋光现象的原因，是左旋和右旋圆偏振光在左旋或右旋物质中速度不同造成的。线偏振光可以分解成左旋和右旋圆偏振光，经过旋光物质后，由于速度不同，两个圆偏振光的初相位滞后产生差异，再合成线偏振光时，偏振面就会有个旋转，经过左旋物质为例

$$\psi = \frac{\pi}{\lambda}(n_R - n_L)d$$

磁致旋光：物质中光沿着磁场和逆着磁场运动时，左旋和右旋圆偏振光速度不同。

2. 基本题目

10.3.1 通常线偏振光的偏振方向是没有标明的，有什么简易的方法把它确定下来吗？

10.3.2 某束光可能是：(1)线偏振光；(2)部分偏振光；(3)自然光。如何用实验决定这束光究竟是哪一种光？

10.3.3 一束光入射到两种透明介质的分界面上时，发现只有透射光而没有反射光，试说明这束光是怎么入射的？其偏振状态如何？

10.3.4 自然光入射到两个偏振片上，这两个偏振片的取向使得光不能透过。如果在这两个偏振片之间插入第三块偏振片后，有光透过，那么这第三块偏振片是怎么放置的？如果仍然无光透过，又是怎样放置的？试用图表示出来。

10.3.5 一束椭圆偏振光通过 1/4 波片后，光强变化吗？换一束线偏振光呢？

10.3.6 利用一个偏振片和一个 1/4 波片，如何区分单色的自然光，圆偏振光，线偏振光，部分偏振光(线偏振＋自然光)？假如现在有一个部分偏振光(圆偏振＋自然光)，还是利用一个偏振片和一个 1/4 波片，能区分它们吗？

10.3.7 如图 10.3.5 所示，双缝干涉装置，分析干涉条纹的情况：

(1) $P_1 \perp P_2$；

(2) $P_1 \parallel P_2$；

(3) $P_1 \perp P_2$，紧贴 P_1 后放一光轴与 P_1 成 45°的 1/2 波片。

10.3.8 一块 1/4 波片和两块偏振片混在一起不能识别，试用实验方法将它们区别开来。

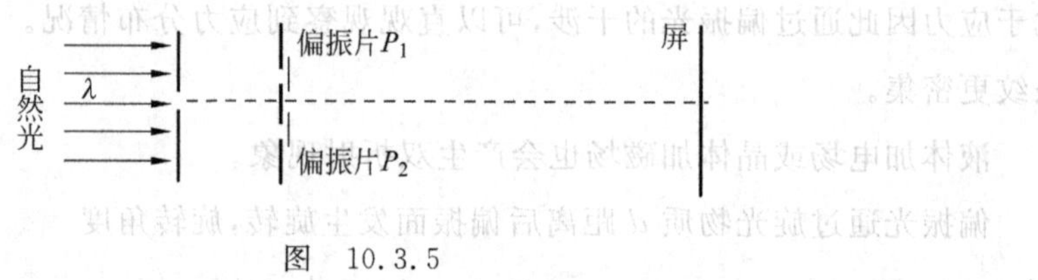

图　10.3.5

10.3.9　请用惠更斯原理，画一光束在一介质平面上的反射光路图。

10.3.10　在如图10.3.6所示偏振光的干涉装置中，如果去掉偏振片P_1或偏振片P_2，能否产生干涉效应？为什么？

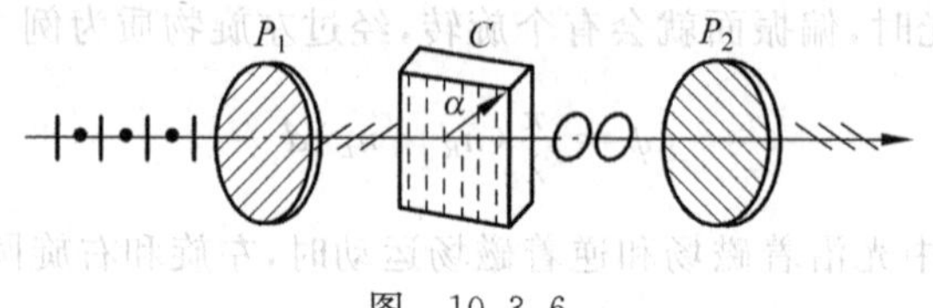

图　10.3.6

3. 课堂完成作业

10.3.11　石英劈尖等厚条纹装置，如图10.3.7所示。其中劈尖的光轴垂直纸面且与第一个偏振片的偏振方向成α角，两个偏振片偏振化方向互相垂直。已知n_o,n_e,λ,θ，请推导条纹间距的表达式。

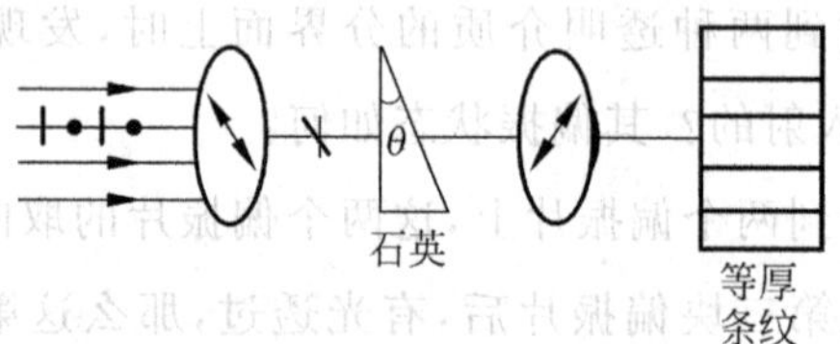

图　10.3.7

4. 提高题目

10.3.12　利用一个偏振片和一个1/4波片（用负晶体做的），怎么判断一束圆或椭圆偏振光是右旋的还是左旋的？

10.3.13　既然根据振动分解的概念可以把自然光看成是两个相互垂直的振动的合成，而一个振动的两个分振动又是同相的，那么，为什么说自然光分解成的两个相互垂直的振动之间没有确定的相位关系呢？自然光既然各个方向都有振动，它们为什么不互相抵消呢？

10.3.14　让一束白光自然光通过一个偏振片和一个四分之一波片，再让光线通过偏振片。若以光线为轴旋转后面的偏振片能观察到什么现象？

10.3.15　什么是负晶体？如图 10.3.8 所示，一入射光入射到单轴负晶体中，请画出折射光。

10.3.16　巴克拉（1917 年诺贝尔物理学奖获得者）1906 年曾做过下述“双散射”实验。如图 10.3.9 所示，先让一束从 X 射线管射出的 X 射线沿水平方向射入一碳块而被各方向散射。在与入射线垂直的水平方向上放置另一碳块，接收沿水平方向射来的散射的 X 射线。在这第二个碳块的上下方向就没有再观察到 X 射线的散射光。为什么说这个实验表明 X 射线是一种电磁波？

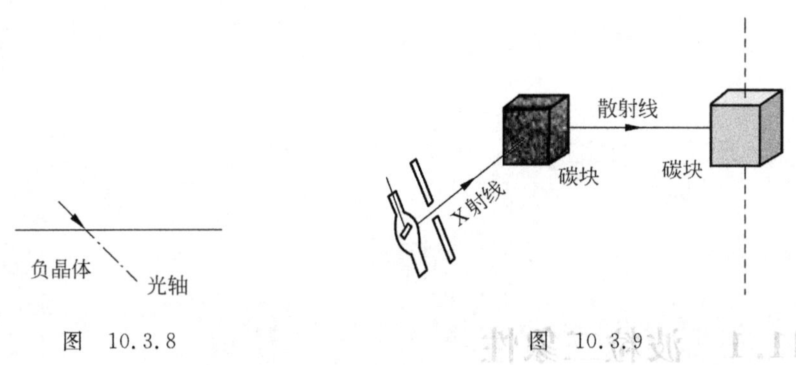

图　10.3.8　　图　10.3.9

10.3.17　图 10.3.10 为一渥拉斯顿棱镜，它由两个石英晶体黏结而成。光轴方向如图所示。自然光垂直表面入射。试在图上定性画出光在棱镜内及透出棱镜后的传播方向，以及光矢量的振动方向。

10.3.18　在图 10.3.11 中，如果 P_1 方向在 C 和 P_2 之间，还需要附加额外的位相差 π 吗？P_1 和 P_2 平行时，干涉情况又如何？

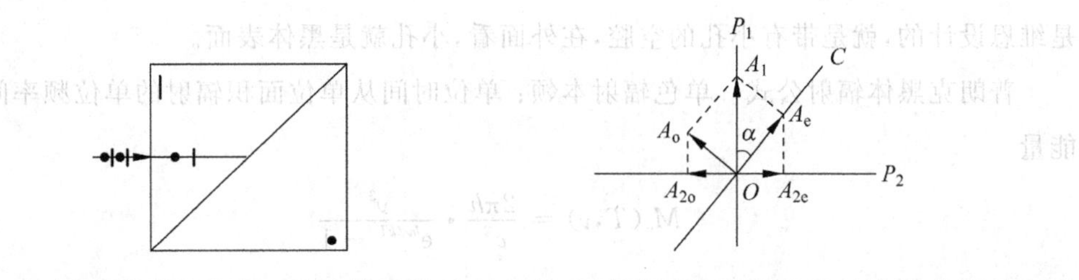

图　10.3.10　　图　10.3.11

10.3.19　两个偏振片之间夹一些层数不同的塑料片，然后用白光照射，观察到透射光是彩色的，层数不同处颜色不同。旋转其中一个偏振片，颜色发生变化。这个现象称为色偏振，试解释之。

第11章 量子物理基础

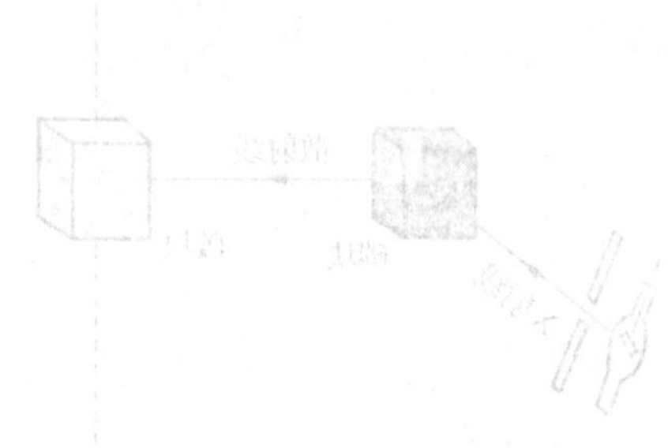

11.1 波粒二象性

1. 本节要点

物体都辐射电磁波。热平衡时，物体辐射的能量等于在同一时间内所吸收的能量。辐射本领强的物体，其吸收本领也强，反之亦然。

黑体能完全吸收各种波长光而无反射，也因此它的辐射本领最强。比较理想的黑体是维恩设计的，就是带有小孔的空腔，在外面看，小孔就是黑体表面。

普朗克黑体辐射公式　单色辐射本领：单位时间从单位面积辐射的单位频率间隔的能量

$$M_\nu(T,\nu) = \frac{2\pi h}{c^2} \cdot \frac{\nu^3}{e^{h\nu/kT} - 1}$$

按波长则是单位时间从单位面积辐射的单位波长间隔的能量，利用下面换算得到。

$$M_\lambda(T,\lambda)\,d\lambda = M_\nu(T,\nu)\,d\nu$$

总辐射本领

$$M(T) = \sigma T^4$$

维恩位移律

$$\nu_m = C_\nu T$$

普朗克为推得公式，假设辐射能量只能量子化：

$$E = nh\nu,\quad n = 1,2,3,\cdots$$

光电流强度与光强成正比，而截止电压实际是光电子最大动能。爱因斯坦为解释光电效应，引入光子的概念，其能量是 $h\nu$，这样

$$\frac{1}{2}mv_m^2 = eU_c = h\nu - A$$

光电效应中的光子能量与电子能量接近，因此把电子打出来的过程，原子或固体对其束缚作用不可忽略。

经典电磁波是近似描述，严格讲应该用光子概念。电磁波从发射、传播到吸收保持光子形态，能量是量子化的。例如，球面波，实际是针对大量光子情形，发现光子的概率在一个球面上都相等。又例如干涉，实际是光子自己和自己干涉，亮纹处是光子出现的概率大，而暗纹处是光子出现的概率小。当电磁波强的时候，或者光子数目大的时候，用经典波理论描述结果与光子图像的结果相同。但是当弱光情形，光子数目很小，此时经典波理论描述不再正确，必须用光子图像才可以理解实验现象。光子具有波粒二象性。有能量、动量和质量，这些是描述粒子的物理量，但这些量的具体表示要用到波的概念(频率和波长)：

$$\varepsilon = mc^2 = h\nu \rightarrow m = \frac{h\nu}{c^2},\quad \boldsymbol{p} = \frac{\hbar}{\lambda}\boldsymbol{n} = \hbar\boldsymbol{k}$$

描述光子的波函数与电磁波波函数，函数形式相同，但物理意义完全不同。光子波函数模的平方代表发现光子的概率密度，而电磁波波函数描述电场强度或者磁感应强度的变化。因此，电磁波强弱的概念与光子数密度相对应。

康普顿效应　光子能量远大于电子能量，因此电子可看作是自由电子。散射过程是弹性碰撞，散射光子中除了部分入射光子，还有波长有些变化的光子。

$$\Delta\lambda = \lambda - \lambda_0 = \frac{\hbar}{m_0 c}(1-\cos\theta)$$

利用能量和动量守恒容易推得这个结果。

物质波或德布罗意波：实物粒子具有波动性，也因此具有波粒二象性 $\boldsymbol{p}=\frac{\hbar}{\lambda}\boldsymbol{n}=\hbar\boldsymbol{k}$。通过干涉图样可以测量实物粒子的波长。

物质波也叫概率波，其状态用波函数描述，其模的平方代表发现粒子的概率密度，这叫玻恩的波函数统计诠释。

波函数要满足单值、有限和连续条件，而且其模的平方和(连续情形需求积分)为 1，叫归一化。不同状态混合时，状态要先叠加(波函数叠加)，然后再计算模平方以确定概率密度。

波粒二象性的直接后果是不确定性关系

$$\Delta x \cdot \Delta p_x \geqslant \hbar/2$$

$$\Delta y \cdot \Delta p_y \geqslant \hbar/2$$

$$\Delta z \cdot \Delta p_z \geqslant \hbar/2$$

$$\Delta E \Delta t \geqslant \hbar/2$$

经常用 $\Delta x \cdot \Delta p_x \sim \hbar$ 做简单估算理解一些现象。例如，体系线度越小，能量越大。利用 $\Delta E \Delta t \sim \hbar$ 估算能级宽度和寿命。

2. 基本题目

11.1.1 人体也向外发出热辐射，为什么在黑暗中人却看不见人呢？为什么炼钢工人仅观察炼钢炉内的颜色就可以估计出炉内的温度？

11.1.2 即使粉刷过的房间，从房外远处看，白天开着的窗户也是黑的。为什么？

11.1.3 如果一只虎头蜂想去进攻蜂窝，那么成百的蜜蜂会迅速紧密地在虎头蜂周围形成一个球状体来阻止它。它们既不蜇、咬，也不会挤压使虎头蜂窒息而亡，而是迅速使自己体温从35℃升高到47℃或者48℃。这个温度对虎头蜂来说是致命的，但对日本蜜蜂来说却不会产生任何影响。假设如上所述的情况：200只日本蜜蜂形成了一个半径 $R=2.0\text{cm}$ 的球，时间持续了 $t=10\text{min}$。这个球状体最主要的能量损失是热辐射。这个球表面的辐射系数 $\varepsilon=0.80$，并且这个球温度均匀。平均来说，每只蜜蜂要额外制造多少能量才能把47℃维持10min？（如果物体不是绝对黑体，那么其辐射功率可以表示为 $P=\sigma\varepsilon AT^4$，其中 $\sigma=5.6704\times10^{-8}\text{W/m}^2\cdot\text{K}^4$ 是斯特藩-玻尔兹曼常量，A 是面积，T 是绝对温度。）[6]

11.1.4 某金属在一束绿光的照射下有光电效应产生。假如用更强的绿光照射，会发生怎样的变化？如果用强度相同的紫光代替原来的绿光，又会有什么变化？

11.1.5 光电效应和康普顿效应都包含有电子与光子的相互作用过程，下面哪种说法是正确的？

(1) 光电效应中电子在固体内的能量与入射光子能量接近，而康普顿效应中电子在固体内的能量远小于入射光子能量。

(2) 光电效应是由于电子吸收光子能量而产生的，而康普顿效应是由于光子与电子的弹性碰撞而产生的。

(3) 光电效应中电子和光子不满足动量守恒定律。

11.1.6 若一个电子和一个质子具有同样的动能，哪个粒子的德布罗意波长较大？

11.1.7 根据不确定关系，一个分子在0K，能完全静止吗？假设位置不确定大致是分子大小，动量不确定应该是什么量级？

11.1.8 某原子的某个激发态能级宽度为十万分之一电子伏特，试估算电子在该能级上的寿命。原子的哪个能级宽度最窄？

11.1.9 有一光波长 500nm，测得该光线的横向线度为 1mm。光线可看成光子的轨迹。试说明为什么这时候光子像经典粒子一样有轨迹。(根据测不准原理微观粒子没有轨迹)

3. 课堂完成作业

11.1.10 有两块面积足够大的金属平板平行放置，它们的温度分别为 100℃ 和 10℃，并保持恒定。然后插入同样大小的两块平行板，四块板平行放置，板间抽成真空。四块板的表面均涂黑，因而可看作是绝对黑体，如图 11.1.1 所示。试求：

(1) 插入的两块板的温度；

(2) 板间的能量流与其间不插两板时的能量流的比值。

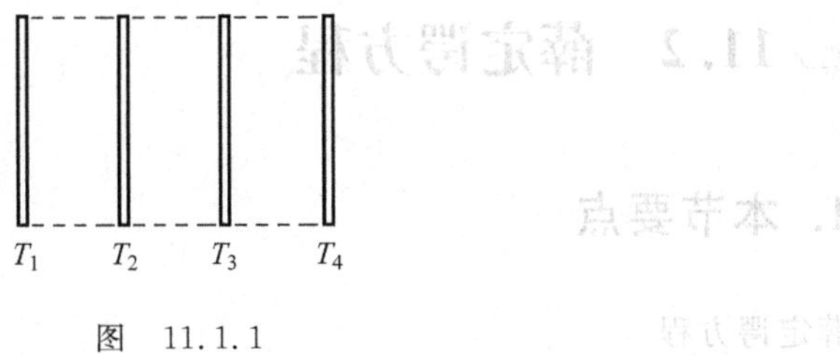

图 11.1.1

4. 提高题目

11.1.11 黑体辐射中，光谱辐射出射度的意义是什么？光谱辐射出射度最大的光的频率 ν_m 与光谱辐射出射度最大的光的波长 λ_m 是否满足 $\lambda_m\nu_m=c$？

11.1.12 夏天天气炎热，外穿黑色衣服还是白色衣服好呢？这个问题不能笼统回答，要根据具体情况，设想几种情境，讨论选择衣服颜色的策略。

11.1.13 为什么对光电效应只考虑光子的能量的转化，而对康普顿效应则还要考虑光子的动量的转化？

11.1.14 一个光子(任意光子)可以被自由电子吸收吗？

11.1.15 为什么光电效应方程中，电子的动能是最大动能？

11.1.16 在双缝衍射中，衍射图样按 $|\psi|^2$ 的强度分布。如果我们只打开其中某个缝时，强度分布是 $|\psi_1|^2$，而 $2|\psi_1|^2\neq|\psi|^2$，为什么？实际应如何？既然在衍射过程，微观粒子不分裂，为什么还发生衍射现象？双缝衍射时我们有办法知道微观粒子是通过哪个缝吗？

11.1.17 光的双缝衍射一般可以用波动理论解释，是不是意味着光的波动图像就足以理解有关衍射的现象？

11.1.18 假设某一电磁波的电场矢量是 $\boldsymbol{E}=E_0\cos(kz-\omega t)\boldsymbol{i}$。从量子物理的角度，该电磁波其实是沿 x 方向偏振且向 z 方向传播的光子。那么这个光子的波函数应该是什么样子？为什么？

11.1.19 显微镜的分辨本领受限于所用的光波的波长，它能够分辨的最小物体的尺度大致等于波长。假设一个人想要看原子内部，设原子直径为 1Å，这意味着大致要能够分辨 0.1Å 的尺度。试问：

(1) 根据不确定性原理，原子中电子能量是什么量级？

(2) 如果使用电子显微镜，电子所需的最小能量为多少？

(3) 如果使用光学显微镜，光子所需的最小能量为多少？

(4) 哪种显微镜是可行的？为什么？

11.2 薛定谔方程

1. 本节要点

薛定谔方程

$$\mathrm{i}\hbar\frac{\partial}{\partial t}\Psi(x,t)=\hat{H}\Psi(x,t)$$

其中哈密顿量算符是把粒子的非相对论能量算符化得到

$$\hat{H}=\frac{\hat{p}^2}{2m}+U(\boldsymbol{r},t)$$

在量子力学中物理量都是算符化的，在坐标空间，坐标算符是其本身，动量算符则为

$$\hat{p}=-\mathrm{i}\hbar\nabla$$

容易得到动能算符

$$\frac{\hat{p}^2}{2m}=-\frac{\hbar^2}{2m}\nabla^2$$

一维情况，假设势能与时间无关，薛定谔方程简化为

$$i\hbar\frac{\partial}{\partial t}\Psi(x,t)=\left[-\frac{\hbar^2}{2m}\frac{\partial^2}{\partial x^2}+U(x)\right]\Psi(x,t)$$

试探分离变量

$$\Psi(x,t)=\Phi(x)T(t)$$

代入方程后得到两个方程，其中时间因子容易解得

$$T(t)=C\mathrm{e}^{-\mathrm{i}\frac{E}{\hbar}t}$$

空间部分方程，称为一维定态薛定谔方程

$$\left[-\frac{\hbar^2}{2m}\frac{\mathrm{d}^2}{\mathrm{d}x^2}+U(x)\right]\Phi(x)=E\Phi(x)$$

这个方程也是能量本征方程，其波函数表征能量本征态。

把空间和时间部分合在一起后的波函数

$$\Psi_E(x,t)=\Phi_E(x)T(t)=C\Phi_E(x)\mathrm{e}^{-\frac{\mathrm{i}}{\hbar}Et}$$

如果有很多 E 都满足方程，由于薛定谔方程是线性方程，因而其通解为它们的线性组合。

$$\Psi(x,t)=\sum_E\Phi_E(x)T(t)=\sum_E C_E\Phi_E(x)\mathrm{e}^{-\frac{\mathrm{i}}{\hbar}Et}$$

这个波函数也被称为能量本征态的叠加态。

势能为零时代表自由粒子，容易得到此时波函数是平面波形式

$$\Psi_E(x,t)=A\mathrm{e}^{-\frac{\mathrm{i}}{\hbar}(p_x x+Et)}+B\mathrm{e}^{\frac{\mathrm{i}}{\hbar}(p_x x-Et)}$$

无限深势阱（0～a 之间）

能量本征值

$$E_n=\frac{\pi^2\hbar^2n^2}{2ma^2},\quad n=1,2,3,\cdots$$

本征函数系

$$\Phi_n(x)=\sqrt{\frac{2}{a}}\sin\frac{n\pi}{a}x,\quad n=1,2,3,\cdots$$

它们是正交归一化的

$$\int_0^a\Phi_m^*(x)\Phi_n(x)\mathrm{d}x=\delta_{m,n}$$

无限深势阱的本征波函数与两端固定的驻波很相似。

无限深势阱中粒子的波函数通解形式为

$$\Psi(x,t)=\sum_n C_n\Phi_n(x)\mathrm{e}^{-\frac{\mathrm{i}}{\hbar}E_nt}$$

其中 C_n 由初始条件和归一化条件确定

$$\sum_{n=1}^{\infty}|C_n|^2=1$$

量子力学中力学量测量值是其本征值，例如，无限深势阱中粒子能量测量值是 E_n。

假设某个状态是多个本征值的叠加态，测量使状态塌缩到所测本征值的本征态上。

定态的能量平均值

$$\overline{E}=\int_{-\infty}^{+\infty}\Psi^*(x,t)\,\hat{H}\Psi(x,t)\mathrm{d}x$$

计算结果为

$$\bar{E}=\sum_{n=1}^{\infty}|C_n|^2E_n$$

叠加态中测到某个本征值 E_i 的几率为 $|C_n|^2$。

有限深势阱中，粒子通常会有有限个数目的束缚态，其能量也是量子化的。束缚态粒子在势阱外有出现的概率，但是随距离指数衰减。粒子能量高过阱深（阱底设为零势能），则粒子不受束缚，其能量也是连续的。

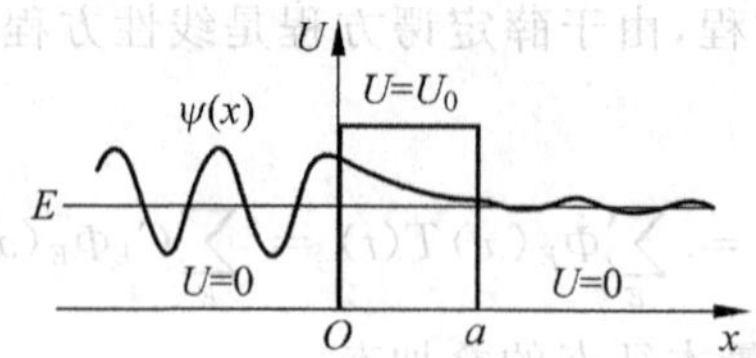

图　11.2.1

粒子能量低于势垒时，粒子也有穿过势垒的概率，当势垒高且厚时，透射率近似为

$$T\approx e^{-\frac{2a}{\hbar}\sqrt{2m(U_0-E)}}$$

一维谐振子

$$U(x)=\frac{1}{2}kx^2=\frac{1}{2}m\omega^2x^2$$

能量也是量子化的

$$E_n=\left(n+\frac{1}{2}\right)\hbar\,\omega=\left(n+\frac{1}{2}\right)h\nu,\quad n=0,1,2,\cdots$$

最低能量不为零，称为零点能，这是所有量子体系的共性。

宏观谐振子能量对应量子数 n 太大，基本可看作连续变化。

2. 基本题目

11.2.1　薛定谔方程怎样保证波函数服从叠加原理？

11.2.2　为什么波函数通常要求满足单值、有限和连续条件？

11.2.3　波函数为什么要归一化？

11.2.4　定态波函数的时间有关因子是 $e^{-i\omega t}$，$\omega=E/\hbar$，E 是粒子能量。什么条件下薛定谔方程可以简化为定态薛定谔方程？时间因子是如何得到的？

11.2.5　无限深势阱中粒子的能量本征波函数，与势阱宽度有相同的长度且两端固定的弹性绳的驻波形状（波函数与时间无关的部分）很相似，波腹数目与能量量子数相对应，这是为什么？

11.2.6　自由粒子入射到下列势能情形，如图 11.2.2 所示。问：情形(a) 有反射吗？情形(b) 有透射吗？透射概率如何估算？粒子如果能穿透势垒，在势垒中能量小于势能，这如何理解？

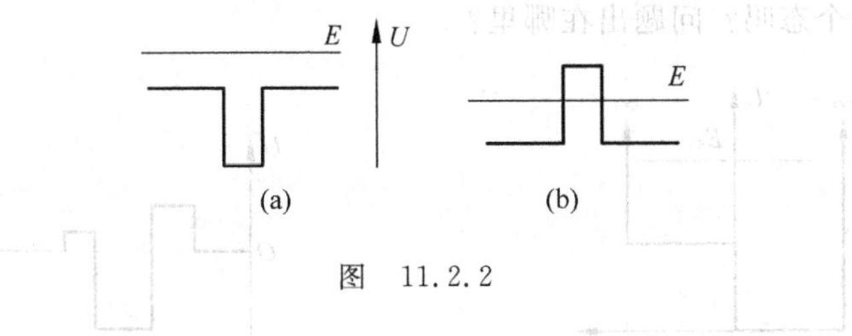

图 11.2.2

11.2.7 设一微观粒子在一维势 $U(x)=\frac{1}{2}m\omega^2x^2+\alpha x$ 中运动，粒子能量如何求？

11.2.8 单摆小幅振动时是谐振子，但能量可以连续变化，这与量子物理的结果相矛盾吗？

3. 课堂完成作业

11.2.9 一维自由粒子的波函数是平面波的形式 $\psi(x,t)=A\mathrm{e}^{\mathrm{i}(kx-\omega t)}+B\mathrm{e}^{-\mathrm{i}(kx+\omega t)}$，

(a) 证明：波函数满足一维薛定谔方程。

(b) 令 $A=B=\psi_0$，计算 x 位置单位长度上发现粒子的概率。

(c) 找到粒子不会出现的位置。

11.2.10 $(0,a)$之间的无限深势阱内，质量为 m 的粒子波函数 $t=0$ 时的状态为

$$f(x)\propto\sin\frac{\pi x}{a}-\sin\frac{2\pi x}{a}$$

问：(1) 粒子 t 时刻波函数。

(2) 可能测得的能量值和相应的概率。

(3) 粒子 t 时刻在 $0\sim a/2$ 区域出现的概率。

(4) 若开始 $f(x)\propto\sin^3\frac{\pi x}{a}$，上面几个问题应该有什么不同？

(5) 若 $f(x)$为某个其他函数，它至少应满足什么条件？

4. 提高题目

11.2.11 在势能曲线如图 11.2.3 所示的一维阶梯式势阱中能量为 $E_5(n=5)$的粒子，就 $0\sim a$ 和 $-a\sim 0$ 两个区域比较，它的波长在哪个区域内较大？它的波函数的振幅又在哪个区域内较大？大致勾画出波函数的样子。

11.2.12 在如图 11.2.4 所示的势能情形，粒子的能量在什么范围时，会约束在局域形成束缚态？定性描述一下，粒子形成束缚态后，在各区间的波函数性质。

11.2.13 本章中讨论的势阱中粒子(包括谐振子)处于激发态时的能量都完全是确

定的，没有不确定量。这意味着粒子处于这些激发态的寿命将为多长？它们自己能从一个态跃迁到另一个态吗？问题出在哪里？

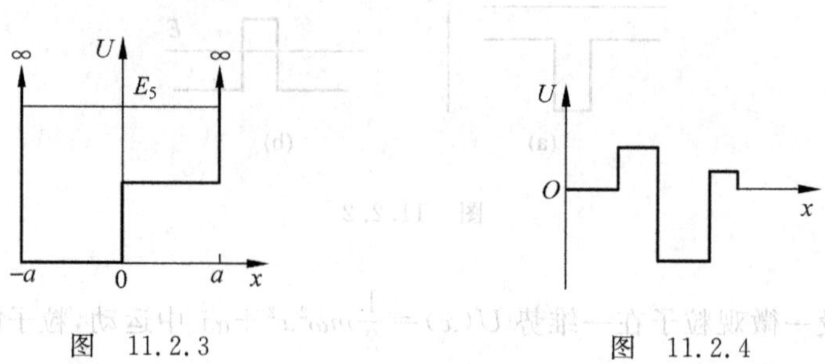

图 11.2.3　　　　图 11.2.4

11.2.14　波函数 $\psi(x)$ 和 $\psi(x)e^{i\theta}$ 是否表示同一个状态？如果 $\theta=\theta(x)$ 呢？

11.2.15　自由粒子质量 m（不考虑自旋）装在体积 $V=a^3$ 的盒子里。计算：

（1）粒子能量；（2）粒子波函数。

11.2.16　自由粒子入射到下列势能情形，如图 11.2.5 所示。问：有不反射的可能吗？为什么？

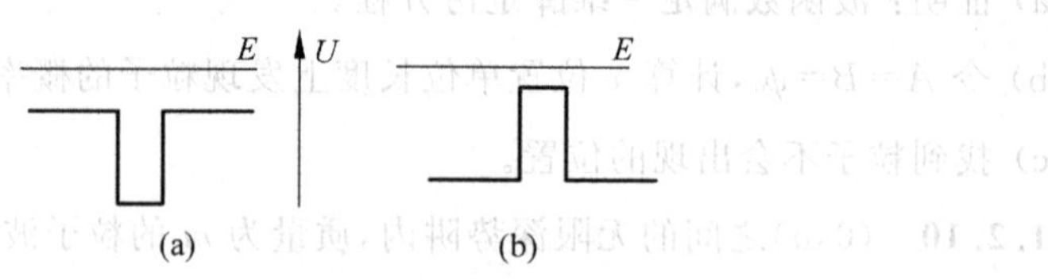

图 11.2.5

11.3　原子中的电子

1. 本节要点

玻尔氢原子模型，主要是假设电子圆轨道角动量量子化

$$l = mvr = n\hbar, \quad n = 1,2,3,\cdots$$

准确的应该是求解薛定谔方程。氢原子哈密顿量算符

$$\hat{H} = -\frac{\hbar^2}{2m}\nabla^2 - \frac{1}{4\pi\varepsilon_0}\frac{e^2}{r}$$

解定态薛定谔方程

$$\hat{H}\Psi_{nlm}(r,\theta,\phi) = E_n\Psi_{nlm}(r,\theta,\phi)$$

得到能量本征值为

$$E_n = -\frac{me^4}{2\hbar^2(4\pi\varepsilon_0)^2}\frac{1}{n^2} = -13.6\frac{1}{n^2}(\text{eV}), \quad n=1,2,3,\cdots$$

辐射光子波数

$$\tilde{\nu} = \frac{1}{\lambda} = R\left(\frac{1}{n_f^2} - \frac{1}{n_i^2}\right) \quad 里德堡常量\ R = 1.097\times 10^7\,\text{m}^{-1}$$

电子波函数

$$\Psi_{nlm}(r,\theta,\varphi) = R_{nl}(r)Y_{lm}(\theta,\varphi)$$

角动量本征方程和本征值

$$\hat{L}^2 Y_{lm}(\theta,\phi) = l(l+1)\hbar^2 Y_{lm}(\theta,\phi)$$

$$\hat{L}_z Y_{lm}(\theta,\phi) = m\hbar Y_{lm}(\theta,\phi)$$

$$l=0,1,\cdots,n-1, \quad m=0,\pm1,\cdots,\pm(l-1),\pm l$$

更准确的氢原子哈密顿量，应该用折合质量代替电子质量。对于类氢原子，哈密顿量形式一样，能量本征值形式也一样。例如，电子素（正电子和电子系统）的能量本征值与氢原子的一样，只是其中质量用两个电子的折合质量。

碱金属能级

$$E_{nl} = -13.6\frac{Z_{nl}^{*2}}{n^2} = -13.6\frac{1}{(n-\Delta_{nl})^2} \quad (\text{eV}), \quad Z_{nl}^* > 1$$

量子数亏损是由于轨道贯穿和原子实极化导致的。

莫塞莱(Moseley)定律

$$\nu_{k\alpha} = 0.248\times 10^{16}(Z-b)^2$$

电子自旋量子数 1/2，自旋角动量

$$s^2 = \frac{1}{2}\left(\frac{1}{2}+1\right)\hbar^2 = \frac{3}{4}\hbar^2, \quad s_z = m_s\hbar, \quad m_s = \pm\frac{1}{2}$$

碱金属双线结构：

总角动量 $\boldsymbol{J}=\boldsymbol{S}+\boldsymbol{L}$，电子轨道 $l>0$，总角动量量子数 $j=l+\frac{1}{2}, l-\frac{1}{2}$。

自旋轨道耦合能 $\Delta E = g\boldsymbol{S}\cdot\boldsymbol{L}$，可以劈裂成非常靠近的两个能级。

自旋量子数是半整数的粒子是费米子，满足泡利不相容原理。

自旋量子数是整数的粒子是玻色子。

原子的单粒子模型（壳模型），原子中的单电子状态用量子数 (n,l,m_l,m_s) 表示，n 是主量子数，代表主壳层，l 是角量子数，代表次壳层。电子优先占据最低能态，但不能在同一态有一个以上电子。

当一个光子入射到能级差等于其能量且处于高能级的原子时，会产生两个全同光子，这就是受激辐射。假如能量持续输入能维持粒子数反转，此时系统由于受激辐射机制，通过光学谐振腔放大后，输出很强的相干光，这就是激光。

分子中除了电子能级，还有两个很重要的集体运动，其能量也都是量子化的。

分子振动能级可以用谐振子能量近似描述(辐射能量范围是近红外波段)

$$E_n = \left(n + \frac{1}{2}\right)\hbar\omega, \quad n = 0,1,2,\cdots$$

分子转动能级(辐射能量在远红外区域)

$$E_L = \frac{\hbar^2}{2I}L(L+1), \quad L = 1,2,3,\cdots$$

2. 基本题目

11.3.1 按经典物理，原子中的电子作加速运动，但实际情况是原子中电子可以不辐射电磁波，这是为什么？

11.3.2 原子辐射电磁波时，其频率通常是一些分立的值，这是为什么？

11.3.3 什么是能级的简并？氢原子的状态由哪些量子数表示？能级由什么量子数决定？

11.3.4 一个氢原子从高能级向低能级跃迁，就会发射一个光子，这个光子的能量是由两个能级差 ΔE 决定的。假如有两个能量是 $\Delta E/2$ 的光子，同时入射到处于低能级的原子，原子可能同时吸收这两个光子后跃迁到高能级去吗？

11.3.5 什么是角动量量子化？施特恩-格拉赫实验中，如果银原子的角动量不是量子化的，会得到什么样的银迹？两条银迹为什么不能用轨道角动量量子化来解释？

11.3.6 电子自旋角动量大小为何？在空间有哪些可能的取向？

11.3.7 $n=3$ 的壳层内有几个次壳层，各次壳层都可容纳多少电子？

11.3.8 处于基态的 He 原子的两个电子的量子数各是什么值？

11.3.9 为了得到线偏振光，就在激光管两端安装一个玻璃制的“布儒斯特窗”，使其法线与谐振腔轴的夹角为布儒斯特角。为什么这样射出的光线就是线偏振的？光振动沿哪个方向？

11.3.10 为什么在常温下，分子的转动状态可以通过加热而改变，因而分子转动和气体比热有关？为什么振动状态却是“冻结”着而不能改变，因而对气体比热无贡献？电子能级也是“冻结”着吗？

3. 课堂完成作业

11.3.11 氢原子由 $n=1$ 的基态被激发到 $n=4$ 的态。

(1) 试计算氢原子所必须吸收的能量。

(2) 这个氢原子回到基态的过程中，可能发出的各种光子的能量各为多少？在能级图上把这些跃迁过程表示出来。

4. 提高题目

11.3.12 图 11.3.1 表示原子中的电子能级随原子序数的变化，据此写出钙原子第一、二激发态的电子组态。

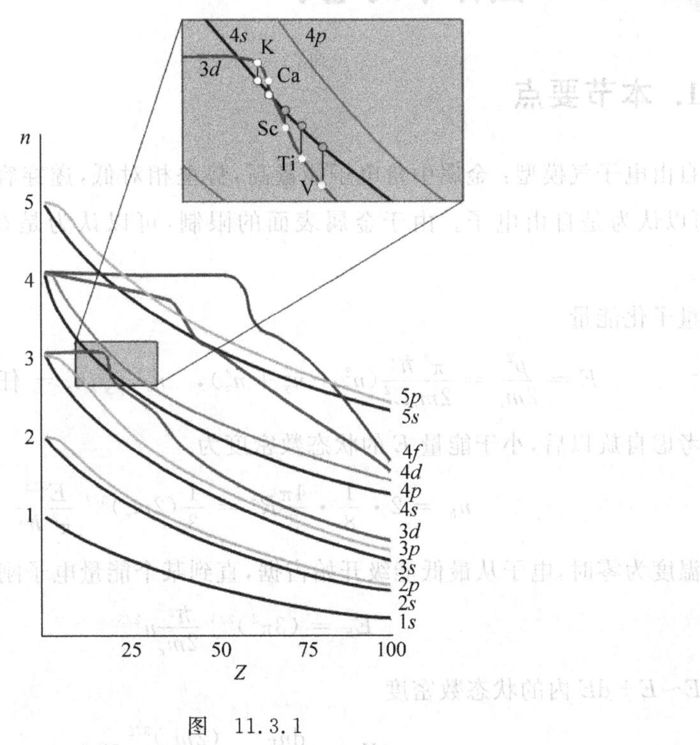

图 11.3.1

11.3.13 钾原子的价电子的能级由什么量子数决定？为什么会有量子数亏损？

11.3.14 利用氢原子理论，解释莫塞莱定律

$$\nu_{k\alpha} = 0.248 \times 10^{16}(Z-b)^2$$

11.3.15 H. Urey 在 1932 年发现氢原子光谱巴尔末蓝线 486.1300nm 总有暗的 485.9975nm 的伴线，这伴线出现的原因可能是因为有氢的同位素。你能通过计算确认吗？

11.3.16 假设氢原子处于 $n=3, l=1$ 的激发态。则电子的轨道角动量在空间有哪些可能的取向？计算各可能取向的角动量与 z 轴之间的夹角，并画出其角动量空间量子化的示意图。

11.3.17 电子在氢原子中角量子数为 l，它的总角动量平方的本征值为何？

11.3.18 若氦氖激光器 Ne 原子的 0.6328μm，1.15μm，3.39μm 受激辐射光中，只让波长 0.6328μm 的光满足阈值条件，从而输出这个激光。Ne 原子的 0.6328μm 受激辐

射光的谱线宽度为 $\Delta\nu\approx1.3\times10^{9}\,\mathrm{Hz}$，而激光的谱线宽度会小到 $\Delta\lambda\approx10^{-8}\,\mathrm{\mathring{A}}$，为什么？

11.3.19 什么是粒子数布居反转？谐振腔中的这种状态是平衡态吗？为什么？

11.3.20 原子中的电子为什么不会掉进原子核里？

11.4 固体中的电子

1. 本节要点

自由电子气模型：金属中价电子能量高，势垒相对低，遂穿容易，按平均场近似的观点，可以认为是自由电子。由于金属表面的限制，可以认为是在有限深的势阱中自由运动。

量子化能量

$$E=\frac{p^2}{2m_e}=\frac{\pi^2\hbar^2}{2m_eL^2}(n_x^2+n_y^2+n_z^2),\quad n_x,n_y,n_z=\text{任意正整数}$$

考虑自旋以后，小于能量 E 的状态数密度为

$$n_E=2\cdot\frac{1}{8}\cdot\frac{4\pi}{3}R^3=\frac{1}{3}(2m_e)^{3/2}\frac{E^{3/2}}{\pi^2\hbar^3}$$

温度为零时，电子从最低能级开始占据，直到某个能量电子刚刚填满，称为费米能量

$$E_F=(3\pi^2)^{2/3}\frac{\hbar^2}{2m_e}n^{2/3}$$

$E\sim E+\mathrm{d}E$ 内的状态数密度

$$g(E)=\frac{\mathrm{d}n_E}{\mathrm{d}E}=\frac{(2m_e)^{3/2}}{2\pi^2\hbar^3}E^{1/2}$$

电子占据数密度

$$\mathrm{d}n_E=\begin{cases}g(E)\mathrm{d}E, & E\leqslant E_F\\ 0, & E>E_F\end{cases}$$

$T>0\mathrm{K}$ 费米-狄拉克分布

$$\mathrm{d}n_E=f(E)g(E)\mathrm{d}E=\frac{g(E)\mathrm{d}E}{\mathrm{e}^{(E-\mu)/kT}+1}=\frac{(2m_e)^{3/2}}{2\pi^2\hbar^3}\frac{E^{1/2}\mathrm{d}E}{\mathrm{e}^{(E-\mu)/kT}+1}$$

玻色-爱因斯坦分布函数

$$f(E)=\frac{1}{\mathrm{e}^{(E-\mu)/kT}-1}$$

自由电子气模型比较粗糙，没有考虑晶格散射的影响。如果考虑晶格散射，按布拉格衍射公式，有些动量的电子会被强烈反射，例如，一维情形

$$k=\frac{n\pi}{a},\quad n=\pm1,\pm2,\pm3,\cdots$$

因而,这样的电子实际不能在晶格中传播,对应的能量形成禁带(图 11.4.1)。

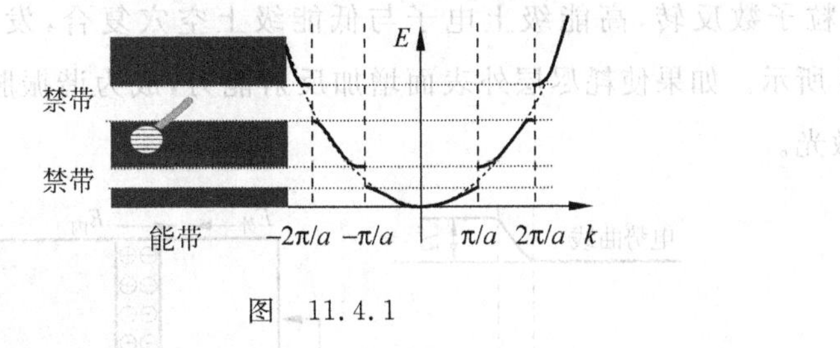

图 11.4.1

导体、绝缘体和半导体典型的能带如图 11.4.2 所示。

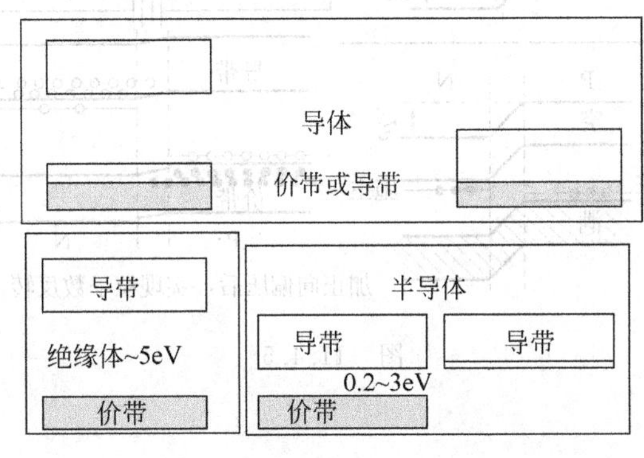

图 11.4.2

本征半导体是由 4 价元素构成。本征半导体导带上的电子通常是热激发或光激发上去的,而在价带留下了空穴。导带中电子和价带中空穴都可以导电。

如图 11.4.3 所示,掺入少量 5 价杂质元素,会在靠近导带的下方形成施主能级,上有电子容易激发到导带导电,称为 N 型半导体。如果掺入少量 3 价杂质元素,会在靠近价带的上方形成受主能级,上有空穴,价带中电子容易激发到此能级,而在价带留下空穴导电,称为 P 型半导体。

当 P 型和 N 型半导体紧密接触,则在接触区域出现耗尽层,称为 PN 结或称为二极管,如图 11.4.4 所示。PN 结导电不对称,具有单向导电性。加正向偏压,电阻很小,而加上反向偏压,几乎不导电。电压太大则会被击穿。

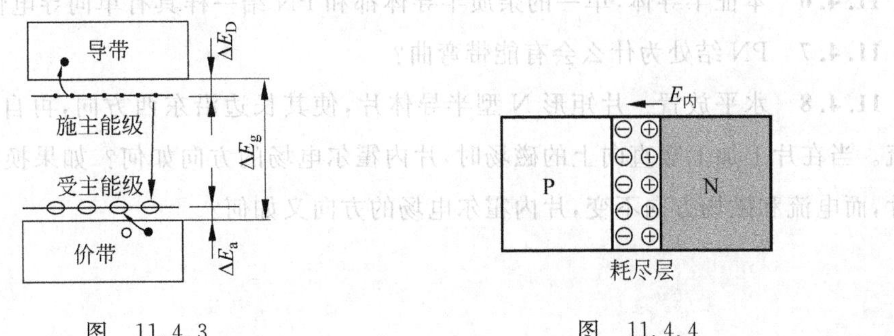

图 11.4.3

图 11.4.4

PN 结上的能带是弯曲的，两侧能带高低不等。加上正向偏压后，弯曲度减少，在 PN 结处出现粒子数反转，高能级上电子与低能级上空穴复合，发出光子，称为 LED，如图 11.4.5 所示。如果使耗尽层外表面增加反射能力，成为谐振腔，就可以得到激光，称为 LED 激光。

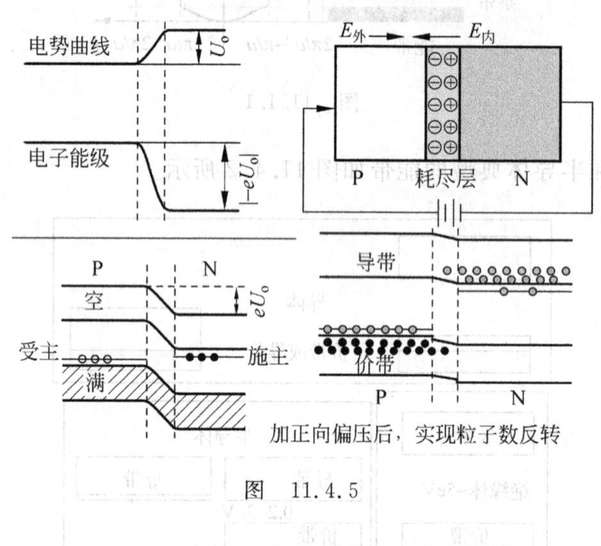

图 11.4.5

2. 基本题目

11.4.1 在金属中，什么电子通常可以看成是“自由”的？

11.4.2 金属中自由电子，可以看作是在有限深势阱中运动，自由电子动能远小于势阱的深度，而势阱的边界实际对应金属表面，如图 11.4.6 所示。根据这个模型，金属表面上会出现什么现象？势阱深度与之前学过的什么物理概念比较接近？

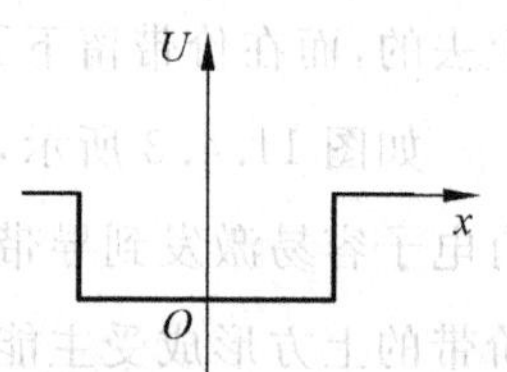

图 11.4.6

11.4.3 什么是能带、禁带、导带、价带？

11.4.4 导体、绝缘体和半导体的能带结构有何不同特点？

11.4.5 硅晶体掺入磷原子后变成什么型的半导体？这种半导体是电子多了，还是空穴多了？这种半导体是带正电，带负电，还是不带电？

11.4.6 本征半导体，单一的杂质半导体都和 PN 结一样具有单向导电性吗？

11.4.7 PN 结处为什么会有能带弯曲？

11.4.8 水平放置一片矩形 N 型半导体片，使其长边沿东西方向，再自西向东通入电流。当在片上加上竖直向上的磁场时，片内霍尔电场的方向如何？如果换用 P 型半导体片，而电流和磁场方向不变，片内霍尔电场的方向又如何？

3. 课堂完成作业

11.4.9 对于硅,导带和价带之间的带隙为1.11eV。在300K,其费米能近似在带隙正中间,如图11.4.7所示。求:纯净时,硅的导带刚开始被占据的概率。

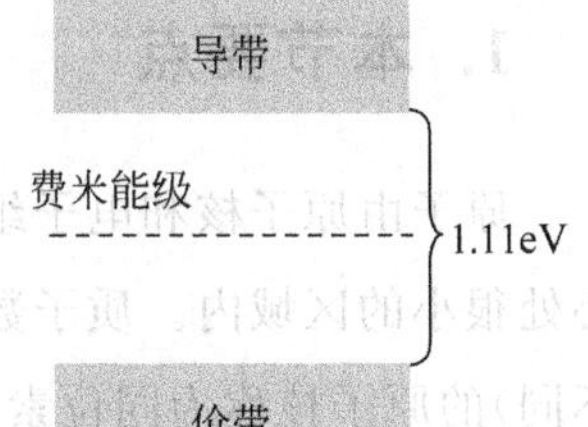

图 11.4.7

4. 提高题目

11.4.10 当一个光子进入PN结的耗尽层,光子会被价电子散射,传递部分能量给电子,电子跃迁到导带,从而产生了电子-空穴对。如果光子能量很高,就会产生大量的电子-空穴对。利用这个特性,你可否做成一个X射线和γ射线探测器?原理上怎么设计?

11.4.11 绝对零度下导体内电子的平均速率如何估算?常温下呢?

11.4.12 为什么在状态空间(相空间)体积等于状态数目(不考虑自旋)?

11.4.13 质量m的自由电子装在体积$V=a^3$的盒子里(不考虑互相之间的库仑力)。试求:

(1) 电子能量;

(2) 能量小于E的微观状态数。

11.4.14 杂质能级上的电子能导电吗?为什么?

11.4.15 掺杂可以改变半导体的费米能。假设硅中掺有施主杂质原子,杂质能级在导带下方距离导带的最低点0.16eV,而杂质使费米能升高到了导带下方距离最低点0.12eV的位置,如图11.4.8所示。比较导带刚开始被占据的概率和杂质能级被占据的概率。

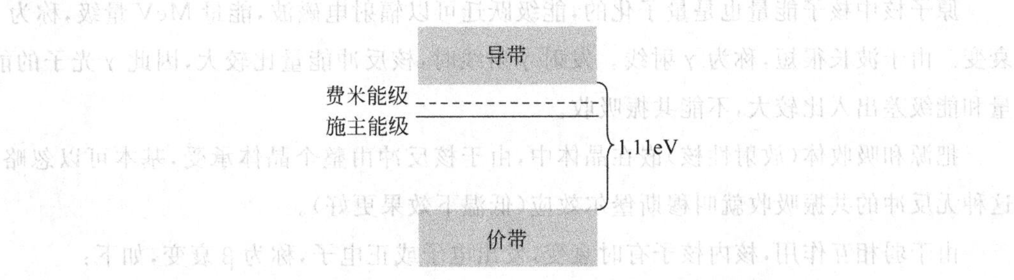

图 11.4.8

11.4.16 玻璃这样的绝缘体通常是透明的,而金属却是不透明的,根据能带理论能解释为什么吗?

11.5 原子核与粒子物理

1. 本节要点

原子由原子核和电子组成，原子核由质子和中子组成，携带绝大部分质量，在原子中心处很小的区域内。质子数即电荷数，有自旋。质子数相同而核子数不同(或者中子数不同)的原子核称为同位素。有些同位素稳定，自然界中的天然丰度高，有些则不稳定，天然丰度低，有些只能在实验室制造出来。核素图描述稳定核和放射性核的分布。

原子核基态多数是球形，少部分是椭球形，球形核的半径通常是

$$R = r_0 A^{1/3}$$

核密度与具体核无关。核自旋和磁矩的关系为

$$\boldsymbol{\mu} = g\frac{e}{2m_p}\boldsymbol{I}$$

利用磁矩在磁场中的能量差，实现磁共振吸收。核磁共振应用于临床诊断。

放射性原子核平均寿命 $\tau = \frac{1}{\lambda}$，衰变规律 $N = N_0 e^{-\lambda t}$。

一半核衰变需要的时间称为半衰期。衰变速率称为放射性活度

$$A(t) = \frac{-\mathrm{d}N}{\mathrm{d}t}$$

利用放射性规律，可以测定物体的年代，广泛应用于考古、地质等领域。

重核中核子形成小的团块结构，例如 α 粒子。由于势垒贯穿效应，α 粒子可以跑的核外，这就是 α 衰变。

原子核中核子能量也是量子化的，能级跃迁可以辐射电磁波，能量 MeV 量级，称为 γ 衰变。由于波长很短，称为 γ 射线。发射 γ 射线时，核反冲能量比较大，因此 γ 光子的能量和能级差出入比较大，不能共振吸收。

把源和吸收体(放射性核)嵌在晶体中，由于核反冲由整个晶体承受，基本可以忽略，这种无反冲的共振吸收就叫穆斯堡尔效应(低温下效果更好)。

由于弱相互作用，核内核子有时衰变，发出电子或正电子，称为 β 衰变，如下：

$$\mathrm{n} \longrightarrow \mathrm{p} + \beta^- + \bar{\nu}_e$$

$$\mathrm{p} \longrightarrow \mathrm{n} + \beta^+ + \nu_e$$

$$\mathrm{p} + \beta^- \longrightarrow \mathrm{n} + \nu_e$$

伴随发射的中微子不带电，以接近光速运动。

核素图表现了哪些原子核是稳定的，哪些具有放射性。

核子束缚在核内，因而能量是负的。这个能量大小称为结合能，也叫质量亏损。

$$E_{bd} = (Zm_p + Nm_n - M_N)c^2 = \Delta mc^2$$

结合能图形象表示了不同原子核结合能的不同。铁元素结合能最大，因而最稳定。如果把结合能转成质量，则单个核子的平均质量相对核子数的关系可以简单画成示意图，如图 11.5.1 所示

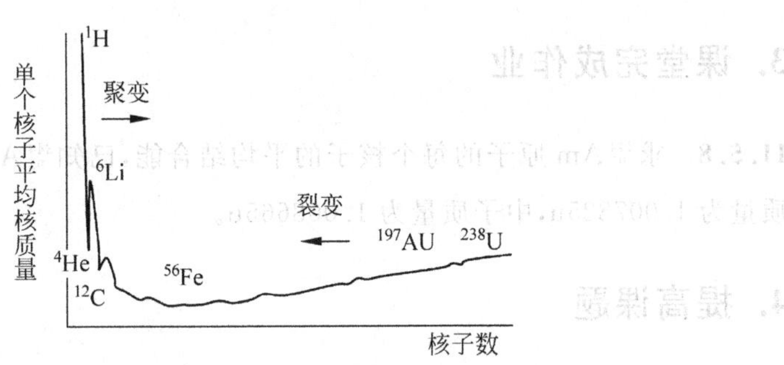

图 11.5.1

一重核分裂成两个中重核，质量亏损释放出结合能，称为裂变。两轻核融合，变成次轻核，也有质量亏损，释放结合能，称为聚变。裂变需要吸收热中子从而越过裂变位垒，聚变则需巨大动能克服库仑斥力。核能利用主要就是通过这两种过程。

核子之间核力是强相互作用力，是复杂的多体力，也可以认为是夸克之间强相互作用的剩余作用力。

自然界有四种基本相互作用力，不同粒子参与不同相互作用。粒子都有反粒子，参与同样的相互作用。所有粒子都参与引力作用，带电的粒子参与电磁相互作用，重子和介子由夸克组成，它们参与强相互作用，轻子参与弱相互作用。粒子衰变或碰撞过程需满足质能守恒，电荷守恒，角动量守恒，重子数守恒，轻子数守恒，奇异数守恒，宇称守恒等。粒子之间的相互作用通过中间玻色子。粒子质量通过希格斯机制获得。这些是称为标准模型的理论结果，与很多实验符合，但还不是终极理论。

2. 基本题目

11.5.1 放射性^{235}U系的起始放射核是^{235}U，最终核为^{207}Pb。从^{235}U到^{207}Pb共经过几次 α 衰变？几次 β 衰变(所有 β 衰变都是 β^{-1} 衰变)？

11.5.2 为什么单核 γ 源不可能进行 γ 射线共振吸收？穆斯堡尔怎么做到 γ 射线共振吸收的？

11.5.3 为什么可以利用原子核的放射性进行年代测定？这里有什么假定？

11.5.4 原子核的质量等于其中包含的质子和中子的质量总和吗？为什么？

11.5.5 核子数很少的两个核融合，发生核聚变可以发出能量，而核子数很大的一

个核分裂,发生核裂变也发出能量,这是为什么?

11.5.6 一个电子不能衰变成两个中微子,这中间哪几个守恒律会被破坏:(1)能量;(2)角动量;(3)电荷;(4)轻子数;(5)线动量;(6)重子数

11.5.7 质子不能衰变成一个电子和一个中微子,因为哪几项守恒会被破坏:(1)能量;(2)角动量;(3)电荷;(4)轻子数;(5)线动量;(6)重子数

3. 课堂完成作业

11.5.8 求$^{244}_{95}$Am原子的每个核子的平均结合能,已知$^{244}_{95}$Am质量为244.064279u,质子质量为1.007825u,中子质量为1.008665u。

4. 提高课题

11.5.9 在地质发掘过程,发现了类似于恐龙蛋的化石,你怎么利用放射性衰变规律测定其年代?

11.5.10 各种核的密度都大致相等,这与核力的什么性质有关联?

11.5.11 氢原子的基态实际上包含了两个差别很小的能级,这是因为电子处在原子核的微弱磁场中。电子在磁场中的取向能取决于磁矩μ相对于磁场B的角度。根据能量的差别,可以将电子分成为自旋向上(高能态)和自旋向下(低能态)两种状态。如果电子处于高能态,它可以通过自旋翻转并释放光子回到较低的能级。已知释放的光子的波长是21cm,问基态的电子受到的等效磁场的大小估计为多少?

11.5.12 有些洞穴的空气里含有氡气,长时间吸入会导致肺癌。假设某洞穴中的放射性活度为$1.55\times10^5\,\mathrm{Bq/m^3}$。你能估算出洞穴里面氡气的含量吗?

11.5.13 从原子核的α,β,γ衰变,大家猜测原子核是质子和电子组成的。卢瑟福散射表明原子核很小,大小在1~10费米(10^{-15}m)。而原子核衰变能量大致在1MeV左右。利用不确定性原理说明,为什么电子不能约束在原子核里面。(后来证实原子核是质子和中子组成的,中子质量与质子的相当)

11.5.14 人们根据什么相信世界是由少数的基本粒子组成的?

参考文献

[1] 夸美纽斯. 大教学论[M]. 傅任敢,译. 北京:教育科学出版社,1999.

[2] HORN M B,STAKET H. 混合式学习[M]. 聂风华,徐铁英,译. 北京:机械工业出版社,2015.

[3] 埃里克·马祖尔. 同伴教学法[M]. 朱敏,陈险峰,译. 北京:机械工业出版社,2011.

[4] LEI Bao, et al. Learning and scientific reasoning[J]. Science, 2009,323:586-587.

[5] LEE S. SHULMAN. 实践智慧[M]. 王艳玲,王凯,毛齐明,等译. 上海:华东师范大学出版社,2014.

[6] HALLIDAY D.,RESNICK R.,WALKER J. Fundamentals of physics[M]. 10th ed. Hoboken: Wiley, 2014.

[7] 张三慧. 大学物理学(力学、热学)[M]. 3 版. 北京:清华大学出版社,2008.

[8] 张三慧. 大学物理学(电磁学)[M]. 3 版. 北京:清华大学出版社,2008.

[9] 张三慧. 大学物理学(光学、量子物理基础)[M]. 3 版. 北京:清华大学出版社,2008.

[10] 沈慧君,王虎珠. 大学物理学习题讨论课指导[M]. 2 版. 北京:清华大学出版社,2006.

[11] 赵凯华,罗蔚茵. 力学[M]. 2 版. 北京:高等教育出版社,2004.

[12] 克劳福德 F S. 波动学[M]. 北京:科学出版社,1981.

[13] 威切曼 E H. 量子物理学[M]. 北京:科学出版社,1978.

[14] 胡友秋,程福臻,叶邦角,等. 电磁学与电动力学(上册)[M]. 2 版. 北京:科学出版社,2014.

附 录 A

大学物理SPOC混合式学习模式效果评估

2014 年 3 月,清华大学的大学物理 MOOC 课程上线了。这些视频资源同时也可以用来开展混合式学习。2015 年春季学期开始,我们在清华大学开始了 SPOC 混合式学习实践,春季学期是大学物理 1,秋季学期是大学物理 2,与清华的大学物理 B 课程同步,迄今已经 3 年时间了。这也使我们有机会得以进行比对分析,认识混合式学习方法的效率。

严格控制变量的教学实验,我们现在还没有条件做。实际上,参加 SPOC 混合式学习的同学都是自愿的,这些同学的学习基础具有随机性。作为比对的参考班同学,也是根据教师的意愿随意选择的。虽然都是清华大学的学生,但由于参与实践的学生人数限制(SPOC 混合式学习学生人数,一学期只有 20～50 不等),统计样本数不多,所以,学习课程前的个体差异,对结果的影响也不容易消除。但是,随着学期次数的增多,实践结果也还是能给出有益的启示。

我们有若干个不同班级,由不同教师负责授课,授课内容和进度大同小异,只是课外辅导的做法稍有不同,主体还是传统的课堂讲授。有几位教师自愿作为参考班级,与 SPOC 混合式学习模式做比对。为了比较效果,这些班级的同学每学期初做一次统一的摸底测验,我们称为前测。

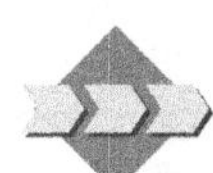

A.1 为什么要进行前测?

无论什么学习模式,其效果总是与学生本身的素质以及开始时的学习基础相关联。物理学习尤其如此。这方面的讨论我们不展开,只是提供我们这三年的数据。从中不难看出,学习效果或者学习效率与学习课程前的学习基础密切相关。

我们的数据是这样记录的：每次前测之后，我们都依据前测成绩，把每个班级同学分成两个组。一组同学的成绩低于全班平均分，简称低分组；而另一组同学的成绩则是高于全班平均分，简称高分组。课程开始后，期中、期末和后测成绩都按组计算平均分。把所有班级在三个学年的分组成绩画到图上，就是附录图1。图中横轴是两个组前测的相对平均分。采用相对平均分是因为每次前测难度可能不同，相对成绩可以多少抵消考试难度不同带来的影响。假设全班平均分 $A_{平}$，低于这个全班平均分的组的平均分 $A_{低}$，高于全班平均分的组的平均分 $A_{高}$，则相对平均分定义为

$$\frac{A_{低}（或者A_{高}）-A_{平}}{A_{平}}$$

根据这个式子，纵轴左侧的数据都是分低组的，而右侧则是分高组的。数据点在横轴上方说明，该组的期中、期末和后测平均分高过全班平均分。我们看到分高组的数据基本都在上方，极少量在下方靠近横轴处，而低分组的数据基本都在下方，极少量在上方靠近横轴处。前测成绩基本反映同学的物理基础。数据告诉我们，学习课程后，无论课程学习采用什么模式，原来基础好的同学通常学得更好，原来基础差的同学则不容易取得好成绩。当然这只是平均而言，并不是针对个体的结论。

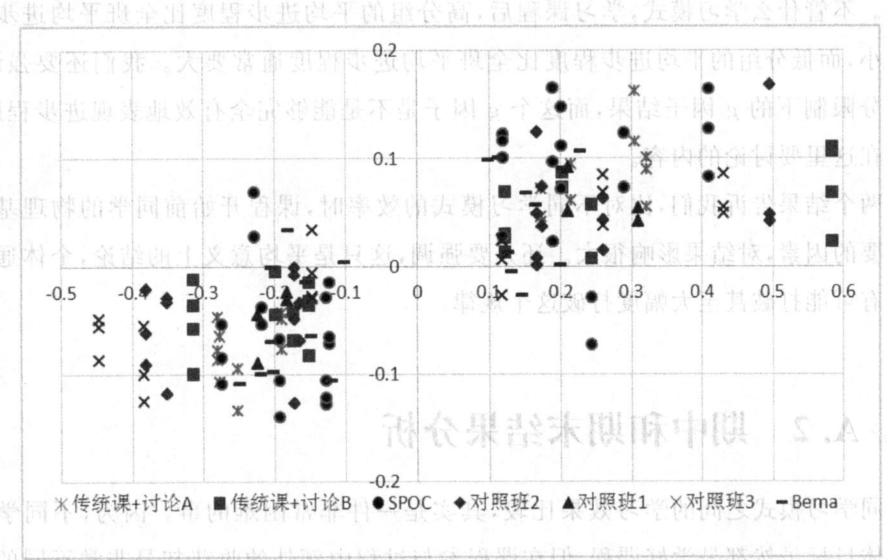

附录图1

为了比较课程学习效率，通常用增益 g 因子定量表示进步程度。我们用前后测成绩计算出这个 g 因子。可以计算低分组和高分组的相对增益为

$$g_{低}（或者g_{高}）-g_{全班}$$

附录图2中横轴同样是两个组前测的相对平均分，所以，纵轴左侧的数据都是低分组的，而右侧则是高分组的。纵轴是相对增益，也就是表示进步程度的相对 g 因子。我

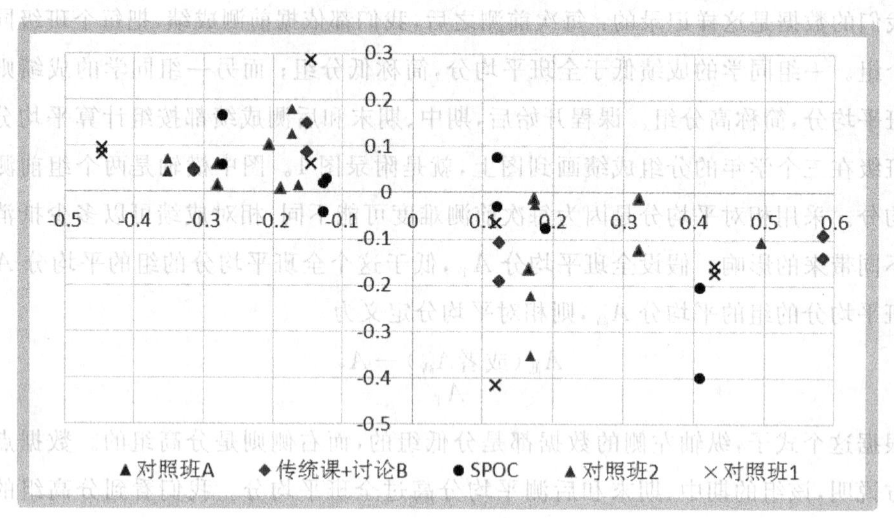

附录图 2

们看到高分组的数据基本都在下方，极少量在下方靠近横轴处，而低分组的数据基本都在上方，极少量在上方靠近横轴处。从数据分布看，很难看出结果与课程学习模式有什么关联。不管什么学习模式，学习课程后，高分组的平均进步程度比全班平均进步程度通常要小，而低分组的平均进步程度比全班平均进步程度通常要大。我们还要强调，这只是百分限制下的 g 因子结果，而这个 g 因子是不是能够完全有效地表现进步程度，不是我们在这里要讨论的内容。

这两个结果告诉我们，比对不同学习模式的效率时，课程开始前同学的物理基础是非常重要的因素，对结果影响很大。还是要强调，这只是平均意义上的结论，个体通过努力完全有可能打破甚至大幅度打破这个规律。

A.2 期中和期末结果分析

不同学习模式之间的学习效果比较，其实是一件非常困难的事。因为，不同学习模式的总体目标虽然都是学好课程，但在课程参与过程中额外的收获却是非常不同的。例如，SPOC 混合式学习模式强调主动学习，自己安排时间学习，课堂上同学之间讨论学习，所以，学习过程强化了自学能力的提高，同时讨论过程又使得表达和交流能力得到锻炼。而这些不容易量化比较。

容易比较的是概念理解和解题计算能力，而这些也是课程学习要培养的重要方面。通过传统的考试可以定量比较这些能力。作为初步，我们采用传统考试方式，比较 SPOC 混合式学习课堂和传统课堂的学习效果。为了客观性，我们找第三方出题目，参与实验的教师事先不知道考题。题目都是客观题，机器判卷。

1. 力学和热学

清华大学春季学期,多数大学物理课堂讲授力学和热学。期中考试内容是力学和狭义相对论,期末则是振动和波以及热学。我们只采用那些一直坚持到学期末的同学的数据(清华学生在期中后可以自由退课)。附录表1是三个春季学期的数据。

附录表1 三个春季学期的数据

学期	班级	人数	前测	期中	期末
2015春	SPOC	18	62.6	77.6	—
	传统课+讨论A	96	63.4	78.3	—
	对照班	195	65.2	75.4	—
2016春	SPOC	28	65.0	83.2	71.7
	传统课+讨论A	118	64.2	80.0	68.9
	传统课+讨论B	104	62.0	79.4	64.8
	对照班	266	64.4	81.1	63.4
2017春	SPOC	42	65.6	72.8	79.5
	对照班1	178	49.0	61.3	73.6
	对照班2	150	48.9	57.3	70.0

2015年春季学期第一次实践,附录表1中可以看到SPOC班学生前测成绩最低,但期中成绩高出对照班。传统课+讨论课也是传统课堂,但是课外增加了13~14次讨论课。考虑到前测成绩,SPOC与传统课+讨论课效果相当。此次,期末考试时间没有统一,所以,期末结果没有列出。2016年春季,SPOC学生前测成绩比传统课+讨论A学生和对照班学生高出一点,而期中和期末成绩不只是高出一点。比传统课+讨论B学生前测成绩高出3分,而期中期末成绩不止高出3分。2017年春季,SPOC学生前测成绩远远高出对照班学生,到了期中期末成绩仍然远远高出。当然,期中期末高出的幅度没有前测的差距那么大,这个原因可能就是前面提到过的,成绩高的学生进步幅度(按考试成绩)通常要小。

2. 电磁学、光学和量子物理基础

秋季课程内容是电磁学、光学和量子物理基础。附录表2是三个秋季学期的数据。

附录表2 三个秋季学期的数据

学期	班级	人数	前测	期中	期末
2015秋	SPOC	29	50.1	49.7	68.7
	传统课+讨论A	64	50.9	51.5	76.3
	传统课+讨论B	78	47.6	52.9	86.2
	对照班	73	54.9	49.1	76.2

续表

学期	班级	人数	前测	期中	期末
2016 秋	SPOC	39	70.9	73.4	83.2
	传统课+讨论 B	80	61.7	67.9	85.2
	对照班 1	69	63.9	70.7	86.7
	对照班 2	91	62.9	65.3	81.5
2017 秋	SPOC	25	52	75.6	81
	传统课+讨论 B	86	35.1	72.4	81.6
	对照班 1	154	42.5	70.2	82.2
	对照班 2	128	38.7	70.4	83

我们先分析期中成绩，期中考试内容是电磁学。2015 年秋季学期，SPOC 班的前测成绩属于中游，与传统课＋讨论 A 班基础相当，比传统课＋讨论 B 班高出 2 分多，但比对照班低 5 分。再看期中成绩，稍稍超过了对照班，而比传统课＋讨论班低了 2～3 分。2016 年秋和 2017 年秋，前测成绩都比其他班高出很多。但实际差距并不大，原因是因为前测只是考了 6 道选择题，按标准考试每道题目只是 3 分，所以前测差 17 分相当于差了一道选择题而已。从分数差上看，2016 年秋，SPOC 班比其他班好半个选择题，而 2017 年秋，与传统课＋讨论课班差距最大，也只是差了一道选择题。再看期中成绩，SPOC 班成绩确实明显高于其他班。

为了考察讨论学习的效果，2016 年期中考试时，我们特意要求第三方出题教师出一些需要较深入分析研究才可能答对的题目，结果那次考试出了一道这样的题目(这种题目不容易出)。SPOC 班学生在这道题目的得分明显高出其他对照班学生，见附录图 3。这也是从侧面体现了讨论学习的优势，就是分析问题和解决问题的能力在讨论学习过程显著地得到加强，而这种差距在通常考试题目中不能很好反映出来。

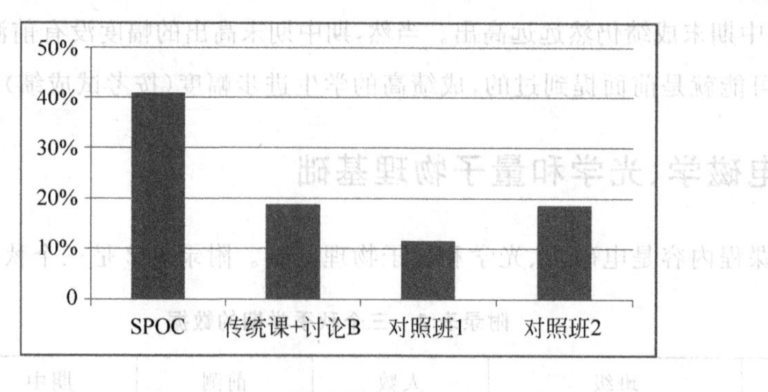

附录图 3

关于电磁学的学习效果，我们还有 BEMA 考试成绩作参考，这在 A.3 节继续讨论。

期末成绩是反预期的。2015 年秋季学期期末成绩，SPOC 都显著低于其他班。这个原因有两个：

(1) SPOC 班学生在网上看视频学习,网络上有线上作业和测试题目,这些成绩都要在最后总评成绩中占有权重,因此,期末考试成绩的权重只有 30%。而其他班期末考试权重一般是 50%,有的达到 55%,因此对待期末考试的认真程度明显有差异。

(2) SPOC 班学生下半学期光学内容学习 3 周,量子物理基础学习 4 周多。相比其他班,光学一般花 4~5 周,量子物理基础一般 3 周不到。而考试题目通常是就着其他班,60%光学题目,40%量子物理基础。这就导致了 SPOC 班学生在量子物理基础分配了 60%时间学习,而这部分考试题目占比只有 40%。

这个分析是不是有道理呢?为此 2016 年秋季开始,SPOC 班期末考试成绩权重提高到 40%,尽管相比 50%还是低了一些,但有明显效果,期末成绩不再像 2015 年秋季学期那么低了。另一个原因也可以从 2017 年秋季期末考试成绩分析中看出来。附录图 4 把光学和量子物理基础成绩分别列出来。可以看到 SPOC 班量子物理基础部分成绩最高,而光学部分成绩比其他班都低。其中对照班 2 光学部分实际花费 5 周时间,可以看到这个班光学部分成绩也是最高,而量子物理基础部分花费时间 3 周不到因而这部分成绩也是最低。假如量子物理基础部分考试题目占比 60%,光学部分 40%,可以预期结果会有很大不同。这个结果也告诉我们,成绩通常与学习时间存在正相关。

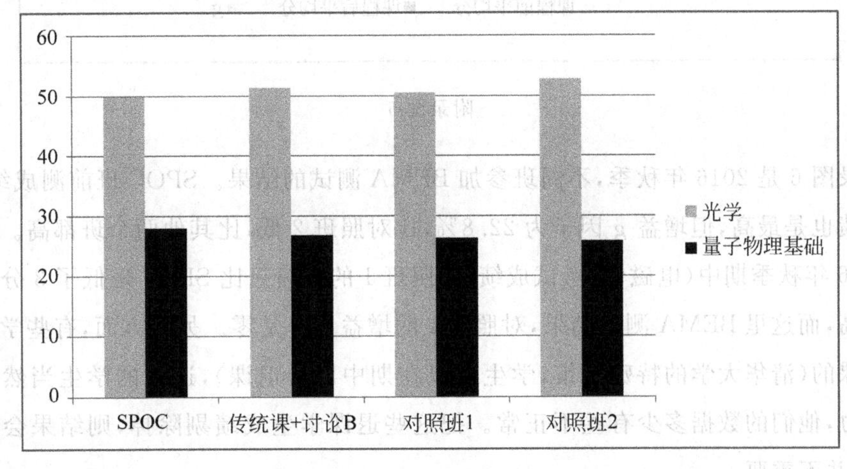

附录图 4

A.3 BEMA 结果分析

关于电磁学学习效率的评估,还有更加准确的方式,就是采用 BEMA 考试。这是美国的某个评估机构研制的一套电磁学考题。顺便说一下,好的评估测试题目非常有价值,也是花费了很多人很多时间研究出来的,一般这种测试题目很少。假如把它用于练习,那它的价值马上贬值,非常可惜。对于测试题目,每个人都要自觉地有保护意识,当然在我们这种环境下，保护好的测试题目几乎是一件不可能的事。

我们也是在开课前做 BEMA 测试，电磁学课程结束后再做后测。前测和后测题目几乎相同。这个测试结果也可以比较不同学期的学习效果。我们先看看 2017 年的结果。从附录图 5 中看到，SPOC 班前测成绩最高，后测成绩也是最高，增益 g 因子为 23.1%。A.1 节我们讨论过，前测成绩高的话，通常增益 g 因子要比前测成绩低的小。在这个意义下 SPOC 班增益 g 因子已经很高了。为了看清这一点，我们再看下面一个 2016 年秋季学期的 BEMA 测试数据分析。

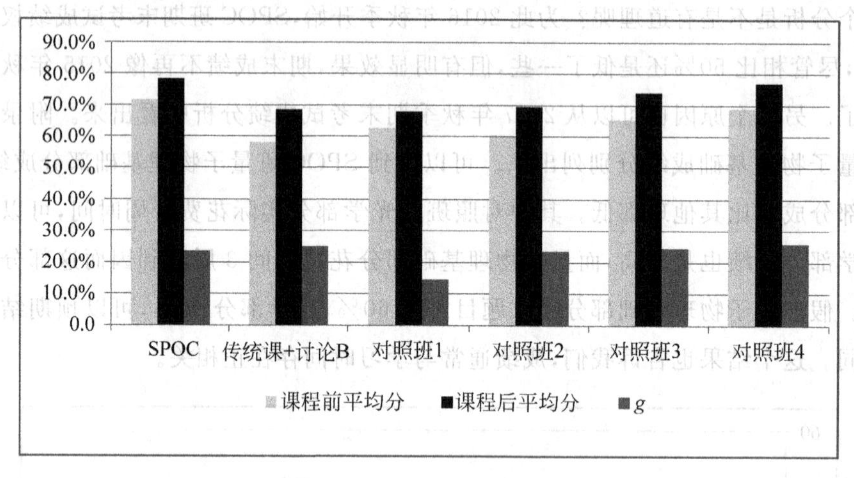

附录图 5

附录图 6 是 2016 年秋季，不同班参加 BEMA 测试的结果。SPOC 班前测成绩最高，后测成绩也是最高，但增益 g 因子为 22.8%，比对照班 2 低，比其他两个班都高。附录表 2 中 2016 年秋季期中(电磁学)考试成绩，对照班 1 的成绩只比 SPOC 班低了 3 分而比其他班都高，而这里 BEMA 测试结果，对照班 1 的增益几乎是零。另一方面，有些学生是期中后退课的(清华大学的特殊政策，学生可以在期中以后退课)，退课的学生当然学习没有太努力，他们的数据多少有些不正常。把这些退课学生成绩剔除掉，则结果会略有不同，但这并不重要。

我们现在为了公平地比较增益 g 因子，需要选择前测成绩一样的样本。由于 SPOC 班人数不多，我们保持 SPOC 班学生不变(当然剔除了期中后退课的一个学生成绩)。对于其他对照班，我们随机剔除一些前测成绩差的学生，使得所有这些对照班的前测成绩基本接近 SPOC 班的前测成绩，而且成绩分布也尽可能接近 SPOC 班的。为了做到尽可能公平，手工剔除这些学生时，没有看这些学生的后测成绩(实际这些工作是后测成绩出来之前完成的)。需要剔除成绩接近的同学中某些人时，完全是随机操作。附录图 7 是这样处理后的结果。当然，在尽量保持人数的前提下我们无法使前测平均值都与 SPOC 班严格一致，只能让所有班级的平均值都略微低一点，如果是比较增益 g 因子，这当然对

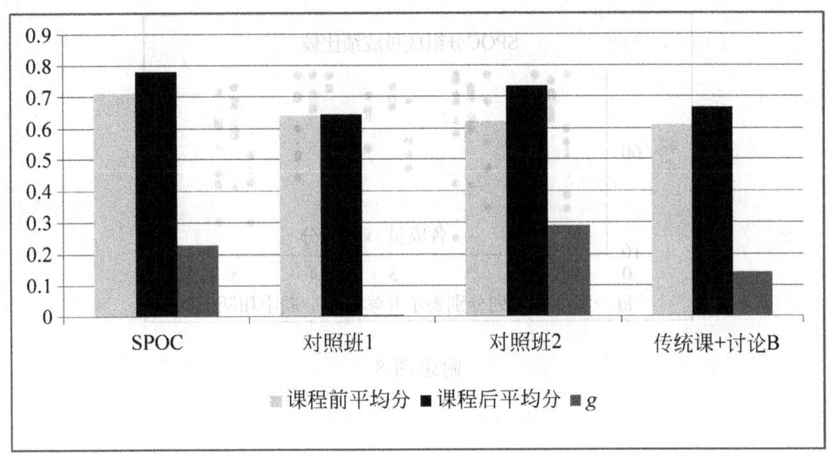

附录图 6

SPOC 班稍微不利。尽管如此，我们看到 SPOC 班的增益 g 因子都大大高于其他所有对照班的。而后测成绩，SPOC 班的也是明显比其他对照班高。

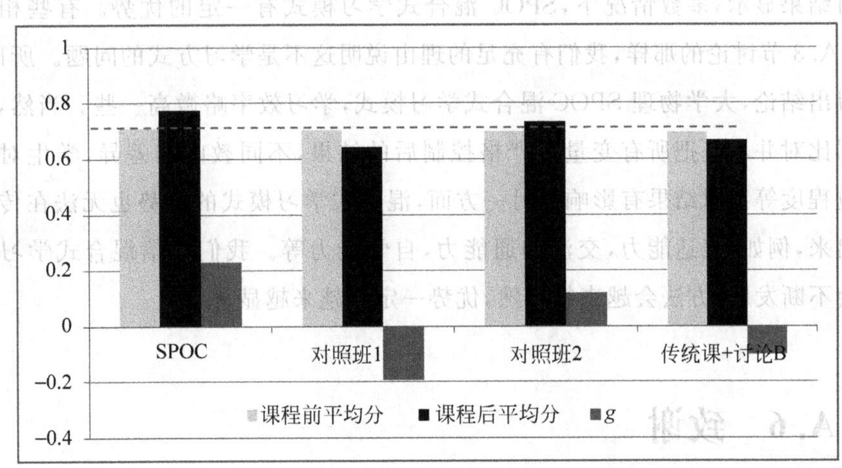

附录图 7

A.4 同一讨论组内同学之间的差距是拉平还是拉大?

我们通常有这样的想法，同一讨论组内的同学因为总在一起课堂讨论，所以他们的学习成绩可能会趋同。但统计两学期的期中期末考试结果表明，没有规律性的趋同效果或者差距拉大的趋势。我们把 2016 年春季学期的结果显示在附录图 8 中。结论是，讨论学习的结果可能主要还是在个人，不在于和哪些同学在一起讨论。

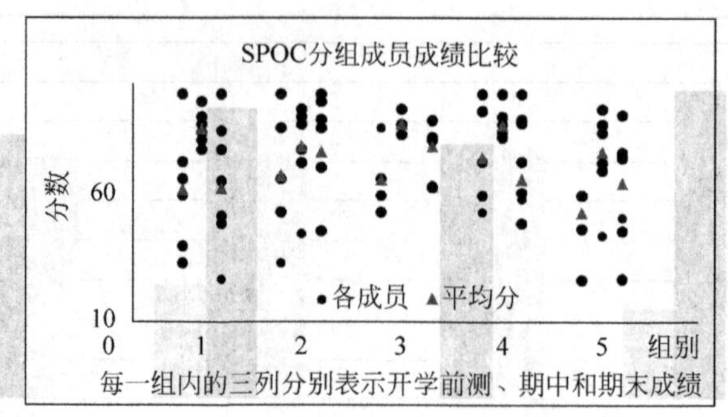

附录图 8

A.5 结论

大学物理 SPOC 混合式学习模式经历了 3 年的教学实践，用传统考试方法同其他对照班比对结果显示，多数情况下，SPOC 混合式学习模式有一定的优势。有些相反的结果，正像 A.3 节讨论的那样，我们有充足的理由说明这不是学习方式的问题。所以，大体上可以得出结论，大学物理 SPOC 混合式学习模式，学习效率略微高一些。当然，我们所做的数据比对并不是把所有变量都严格控制后的结果，不同教师的差异，学生对学习方式的适应程度等都对结果有影响。另一方面，混合式学习模式的优势也无法在传统考试中体现出来，例如，表达能力，交流沟通能力，自学能力等。我们相信混合式学习模式随着实践会不断发展，方法会越来越成熟，优势一定会越来越显著。

A.6 致谢

再次感谢清华大学对教学方法改革实践的大力支持与帮助。校级领导、教务处以及院系领导对我们的教学改革实践大开绿灯，全方位支持，他们关于教学的理念，使得我们的教学改革几乎顺风顺水。我还要感谢清华大学物理系的同仁，李列明教师、马万云教师、魏斌教师、徐喆教师、张斌教师自愿做对照班，吴念乐教师和陈信义教师作为第三方出考题，使得我们能获得宝贵的教学实验数据。感谢 SPOC 课程的博士生助教参与了数据处理工作。我还要感谢参与实践的清华大学的同学们，他(她)们的认真参与，丰富了我对以学为主的认知，有些讨论题目因为同学们的讨论变得更加完善。感谢南京大学的徐岭教师和王军转教师与我分享她们的大学物理教学方法改革实践经验，使我受益匪浅。